R is a very convenient and highly functional statistical analysis tool. We will explain in a clear way how to collect and analyze information from the vast amount of data on the website using R.

Web scraping

Rによるスクレイピング入門

石田基広、市川太祐、瓜生真也、湯谷啓明●著

C&R研究所

■権利について

- 本書に記述されている社名・製品名などは、一般に各社の商標または登録商標です。
- 本書では™、©、®は割愛しています。

■本書の内容について

- 本書は著者･編集者が実際に操作した結果を慎重に検討し、著述･編集しています。ただし、本書の記述内容に関わる運用結果にまつわるあらゆる損害・障害につきましては、責任を負いませんのであらかじめご了承ください。

■サンプルについて

- 本書で紹介しているサンプルは、C&R研究所のホームページ(http://www.c-r.com)、またはGitHubからダウンロードすることができます。ダウンロード方法については、7ページを参照してください。
- サンプルデータの動作などについては、著者・編集者が慎重に確認しております。ただし、サンプルデータの運用結果にまつわるあらゆる損害・障害につきましては、責任を負いませんのであらかじめご了承ください。
- サンプルデータの著作権は、著者およびC&R研究所が所有します。許可なく配布・販売することは堅く禁止します。

●本書の内容についてのお問い合わせについて

この度はC&R研究所の書籍をお買いあげいただきましてありがとうございます。本書の内容に関するお問い合わせは、「書名」「該当するページ番号」「返信先」を必ず明記の上、C&R研究所のホームページ(http://www.c-r.com/)の右上の「お問い合わせ」をクリックし、専用フォームからお送りいただくか、FAXまたは郵送で次の宛先までお送りください。お電話でのお問い合わせや本書の内容とは直接的に関係のない事柄に関するご質問にはお答えできませんので、あらかじめご了承ください。

〒950-3122 新潟県新潟市北区西名目所4083-6　株式会社 C&R研究所　編集部
FAX 025-258-2801
『Rによるスクレイピング入門』サポート係

PROLOGUE

インターネットの世界にはたくさんの情報があふれています。政府機関や関連団体、企業あるいは個人の開設したサイト(いわゆるホームページ)やブログが無数にあります。また、生活に役立つ各種のデータを提供するサービスも増えています。たとえば、日本あるいは世界のお天気や株価の変動に関する情報が自宅にいながらリアルタイムに入手できます。あるいは出張先の交通網や電車・バスの時刻表がどこにいても確認することができます。

最近では政府の主導で、都道府県の各機関に蓄積されているデータが公開され,企業や個人が自由に利用できる環境が整えられつつあります。特に官公庁のデータを公開する流れは「オープンデータ」と呼ばれています。オープンデータについては本書の第6章で取り上げています。データの公開が促進されていくと、互いに無関係なデータを組み合わせることで応用範囲も広がります。たとえば、政府統計局が公開している都道府県ごとに集計された数値データを、別のサイトから取得した地図情報データと関連付けることで、数値の情報を地図に重ねあわせてビジュアルに表現することが可能になったりするわけです。

政府機関のサイトで公開されるデータの多くはExcel形式なので、ブラウザなどでアクセスしてダウンロードすれば手もとのパソコンですぐに利用することができます。しかし、ホームページやブログの場合、ブラウザに表示されたコンテンツをマウスで範囲しコピーペーストした上で保存することになるでしょう。

たとえば、ウィキペディアに「国勢調査(日本)」という項目があります(https://ja.wikipedia.org/wiki/国勢調査_(日本))。このページには「沿革」という項目があり、ここに国勢調査が第1回から現在までに実施された年と方法、調査人数が表形式で記載されています。

●国勢調査(日本) - Wikipedia

◉国勢調査(日本)のページ内にある国勢調査の実施年を記載した表

各回の実施年は以下のとおり。西暦で下一桁が0の年が大規模調査、5の年が簡易調査となっている。

回	実施年	調査方法	調査人数
第1回	大正9年（1920年）	大規模調査	55,963,053
第2回	大正14年（1925年）	簡易調査	59,736,822
第3回	昭和5年（1930年）	大規模調査	64,450,005
第4回	昭和10年（1935年）	簡易調査	69,254,148
第5回	昭和15年（1940年）	大規模調査	73,114,308
第6回	昭和22年（1947年）	臨時調査	78,101,473
第7回	昭和25年（1950年）	大規模調査	83,199,637
第8回	昭和30年（1955年）	簡易調査	89,275,529
第9回	昭和35年（1960年）	大規模調査	93,418,501
第10回	昭和40年（1965年）	簡易調査	98,274,961
第11回	昭和45年（1970年）	大規模調査	103,720,060
第12回	昭和50年（1975年）	簡易調査	111,939,643
第13回	昭和55年（1980年）	大規模調査	117,060,396
第14回	昭和60年（1985年）	簡易調査	121,048,923
第15回	平成2年（1990年）	大規模調査	123,611,167
第16回	平成7年（1995年）	簡易調査	125,570,246
第17回	平成12年（2000年）	大規模調査	126,925,843
第18回	平成17年（2005年）	簡易調査	127,767,994
第19回	平成22年（2010年）	大規模調査	128,056,026
第20回	平成27年（2015年）	簡易調査	127,094,745
第21回	平成32年（2020年）	大規模調査	予定

第1回国勢調査のポスター

第2回国勢調査記念切手

この表をデータとして保存したければ、ブラウザから該当個所をマウスで範囲指定してコピーし、これをExcelのワークシート上でペーストすればいいわけです。国勢調査の実施年を記載した表が頻繁に更新されることはないと思われますから、変更がある度に手動でコピー&ペーストしても構わないでしょう。

ただ、調査が毎月、あるいは毎週実施され、頻繁に表が更新されるサイトからデータを取る必要がある場合、手作業で表を抽出するのはかなり面倒ではないでしょうか。

また、ウィキペディアの『国勢調査』には、実施年として「戦中戦後」、「米軍占領下の沖縄」の別表がありますから、必要があれば、これらもそれぞれ別々にコピー &ペーストして保存しなければなりません。このページで表は3つ程度なので、それぞれマウスで範囲指定しながら作業してもそれほど手間ではないかもしれません。しかし、仮に十数個もの表がページ内にある場合、いちいち手作業でExcelに貼り付けていくことを考えると気が滅入ります。

こうした面倒な作業をもう少し効率的に実行しようというのがウェブスクレイピング(Web scraping)です。本書ではRというプログラミング言語を使ってウェブスクレイピングを実行する方法を紹介します。この場合、ブラウザは起動しません。代わりにRで「命令」を記述し、この命令を実行します。するとRが対象とするサイトに自動的にアクセスして必要なデータを取得し、ユーザーのパソコンに保存してくれます。

一般にプログラミング言語を1からしっかりと習得するのは大変ですが、目的をウェブスクレイピングに限定すれば、ごく基本的な命令(コード)を書ける程度の知識を身に付ければ十分です。というのも、最近のプログラミング言語にはライブラリという補助的なツールが豊富に用意されており、これを導入すれば、複雑な処理を数行（場合によっては1行）の命令で済ませることができるからです。

また、ブラウザではなくコードでサイトにアクセスする方法を習得することで入手可能なデータの範囲が広がります。天気予報や株価などの情報を提供するサイト、あるいはSNSなどではWeb API（Application Programming Interface）という仕組みが提供されていることが多くなりました。Web APIではURLを指定してデータにアクセスできるのですが、これらを普通のブラウザで開いてみても画面が文字や数値で埋めつくされるだけで、人間が読み解くのは困難です。

実はAPIでは、コンピュータープログラム（たとえば、Rのコード）がアクセスしてデータを取得することが前提とされているのです。そしてデータは多くの場合、XMLやJSONというフォーマットで提供されています。こうしたフォーマットを利用するにはパース（解析）することが必要になります。そしてプログラミング言語は、こうしたドキュメントのパースを得意にしています。

Rは誰でも自由に利用できるフリーのプログラミング言語であり、データ分析やグラフィックス作成を得意としています。また、Web APIからデータを取得し、これを利用しやすい形に整形するための機能も豊富に用意されています。

本書では、第1章でまずRについてインストール方法から解説します。つまり、Rについての予備知識は必要ありません。そして、第2章では、サイトからデータを抽出する上で知っておくと役に立つであろう情報を提供します。具体的にはHTMLやXML、あるいはJSON、HTTPといったウェブ関連の技術について解説します。

第3章以降は応用編です。第1章、第2章で培った知識と技術を使うと何ができるのかを具体的な事例で紹介します。

本書を通じて読者はウェブスクレイピングの基礎から応用まで、幅広い知識と技術を身に付けることができるでしょう。

2017年2月

著　者

本書について

本書の執筆環境と動作環境

本書では、次のような開発環境を前提にしています。

- R(3.3.1、3.3.2)

上記のRを起動させたOSの環境は次の通りです。

- Windows 7、Windows 10
- macOS 10.11、10.12
- Ubuntu 14.04、15.10、16.04

サンプルコードの表記について

本書の表記に関する注意点は、次のようになります。

「\」(バックスラッシュ)と「¥」の使い分けについて

Rのコンソール上では、Windowsでも「¥」が「\」(バックスラッシュ)で表示されます。本書では、本文中でWindowsのフォルダ構成を表すときは「¥」で表記しています。

また、サンプルコードなどでは「\」(バックスラッシュ)で表記しています。

サンプルコードの中の▼について

本書に記載したサンプルプログラムは、誌面の都合上、1つのサンプルプログラムがページをまたがって記載されていることがあります。その場合は▼の記号で、1つのコードであることを表しています。

サンプルファイルのダウンロードについて

本書のサンプルデータは、C&R研究所のホームページからダウンロードすることができます。本書のサンプルを入手するには、次のように操作します。

❶「http://www.c-r.com/」にアクセスします。

❷トップページ左上の「商品検索」欄に「216-7」と入力し、[検索]ボタンをクリックします。

❸検索結果が表示されるので、本書の書名のリンクをクリックします。

❹書籍詳細ページが表示されるので、[サンプルデータダウンロード]ボタンをクリックします。

❺下記の「ユーザー名」と「パスワード」を入力し、ダウンロードページにアクセスします。

❻「サンプルデータ」のリンク先のファイルをダウンロードし、保存します。

サンプルのダウンロードに必要な ユーザー名とパスワード

ユーザー名 **rscrp**

パスワード **8v2ex**

※ユーザー名・パスワードは、半角英数字で入力してください。また、「J」と「j」や「K」と「k」などの大文字と小文字の違いもありますので、よく確認して入力してください。

サンプルファイルの利用方法について

ダウンロードしたファイルはzip形式で圧縮されています。解凍してご使用ください。

サンプルコードのファイルは、Windows用の「Windows」と、Mac/Linux用の「UTF-8」のフォルダに分かれています。

スクリプトファイルは、拡張子が「.R」のファイルで提供されます。スクリプトファイルはRのメニューから[ファイル]→[スクリプトを開く]を選択して表示されるダイアログボックスから読み込むことができます。

また、GitHubから本書のスクリプト一式をダウンロードすることもできます。RStudioと連携させると、最新の修正を簡単に取り込むことができて便利です。

URL https://github.com/IshidaMotohiro/WebScraping

なお、登録されているスクリプトの文字コードはUTF-8です。Windowsユーザー向けには、文字コードをCP932(Shift_JIS)に変換したスクリプト一式をWindows.zipとして上記のレポジトリに置いています。解凍してご利用ください。

CONTENTS

CHAPTER 01
ウェブスクレイピングの準備

CHAPTER 02
ウェブ技術入門

CHAPTER 03
ウェブスクレイピング・API入門

CHAPTER 04

ウェブスクレイピング実践

CHAPTER 05

API実践

CHAPTER 06

オープンデータの活用

ウェブスクレイピングの準備

本章ではウェブスクレイピングを実行するための環境を整えます。最初に利用するソフトウェアの導入方法について述べます。

SECTION-001とSECTION-002ではフリーソフトウェアであるRおよびRStudioの導入について解説します。すでにRおよびRStudioをインストールされている方はこの節をスキップしてください。続いてSECTION-003ではプログラミングについて学びます。ここではR言語で命令を書く方法を習得します。Rでのプログラミングでは、C言語やJavaに代表される他のプログラミング言語とは異なる特殊な考え方が必要になることがあります。ですので、プログラミング経験者であっても、本節には一度、目を通すことをお勧めします。あわせてパッケージという拡張機能の導入と利用方法についても解説します。

Rの導入

Rをインストールするのは簡単です。CRAN(シーラン)というサイトからインストーラーをダウンロードし、ダブルクリックするだけです。CRANは The Comprehensive R Archive Networkを略した通称であり、世界中に多数のミラーサイトがあります。日本では2017年2月現在、統計数理研究所に設置されています(https://cran.ism.ac.jp/)。

インストーラーをダウンロードするにはトップページに表示されているOSごとのDownloadリンクをたどります。

◉統計数理研究所

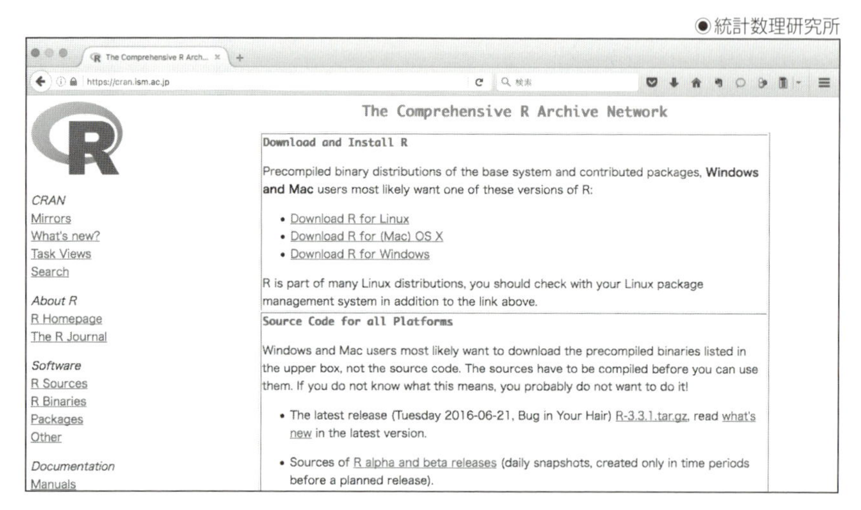

たとえば、Windowsであれば、「Download R for Windows」をクリックします。次のページの「base」というリンクをクリックし、上部の「Download R-3.*.* for Windows」(「*」の部分はバージョン番号になり、アクセスした時期によって異なります)をクリックすると、ダウンロードが始まります。インストーラーをダブルクリックするとインストールが始まります。実行中に表示されるウィンドウにはデフォルト設定を変更するためのチェック欄がありますが、一切、変更する必要はありません。

一方、Macの場合は「Download R for (Mac) OS X」をクリックし、次のページで「R-3.*.*.pkg」を選びます。インストーラーがダウンロードされるので、やはりダブルクリックでインストールしてください。

Linuxの場合は、ディストリビューションごとに用意されたパッケージシステムを使って導入するのがよいでしょう。ただし、古いバージョンのRしか利用できないことがあります。その場合、CRANに記載された手順に従ってパッケージのリストを更新することで、最新のRが導入できるようになります。詳細は「Download R for Linux」というリンクをクリックして、ディストリビューションごとの情報を確認してください。

(石田)

RStudioの導入

本書の内容を再現するにはRだけでも十分なのですが、より使いやすくするアプリケーションを追加で導入しましょう。RStudio（https://www.rstudio.com/）です。こちらもインストーラーをダウンロードしてダブルクリックするだけなのですが、ダウンロードページを見つけるのに多少、手間取るかもしれません。

アクセスしたページにRStudioのDownloadリンクがあるはずなので、これを見つけてください。リンクの先ではRStudioのバージョンを選ぶようになっています。RStudioには有料版、無料版、サーバー版があるのですが、個人が利用する範囲では無料版（FREE）を選びます。Downloadをクリックするとインストーラーの一覧が表示されるはずです。自身が利用しているOS用のインストーラーを選びましょう。ダウンロード後はダブルクリックするだけでインストールが開始されます。

RStudioを導入できたら起動してみましょう。なお、最初にインストールしたRを別に起動する必要はありません。下図はインストール直後に起動した画面です。画像はWindowsで起動した様子ですが、MacやLinuxでもメニューなどの項目に違いはありません。

●RStudio起動画面

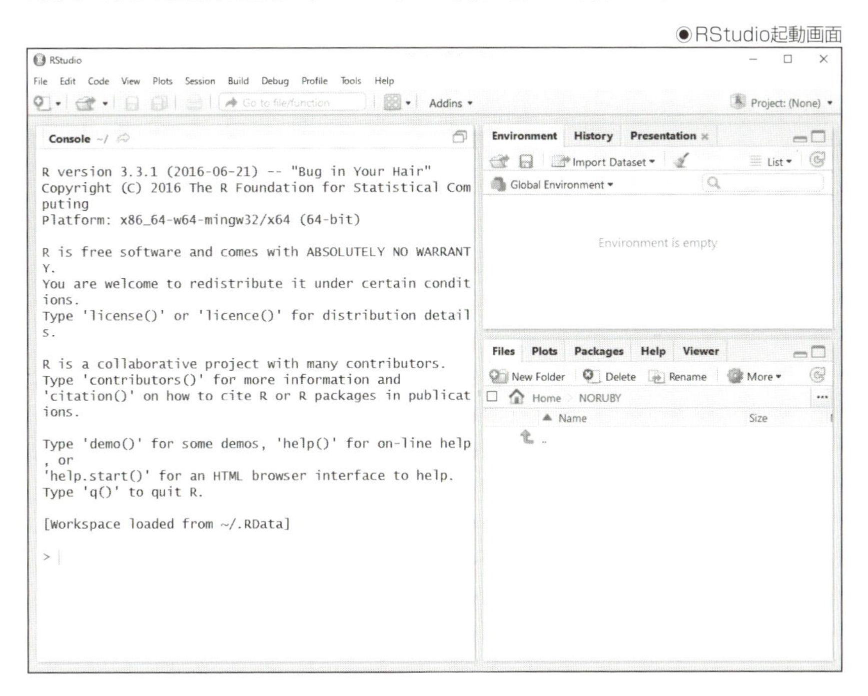

デフォルトの設定では全体の左半分がConsoleペイン(区画)で、簡単な命令であれば、ここの「>」の右に直接書き込んでEnterキーを押して実行します。「>」はプロンプトという記号で、Rが入力を待っている状態を表します。

```
> 1 + 2
[1] 3
```


RStudioはデータ分析の統合開発環境です。Rのスクリプト(実行コードを保存するファイル)を作成するための補助機能だけでなく、コードとレポートを一体化させたNotebookやRMarkdownなどの「プレゼンテーション」作成、Shinyというウェブアプリケーション開発、さらにはRからC++のコードを作成し、コンパイル・実行する機能も備わっています。

●RStudioの機能

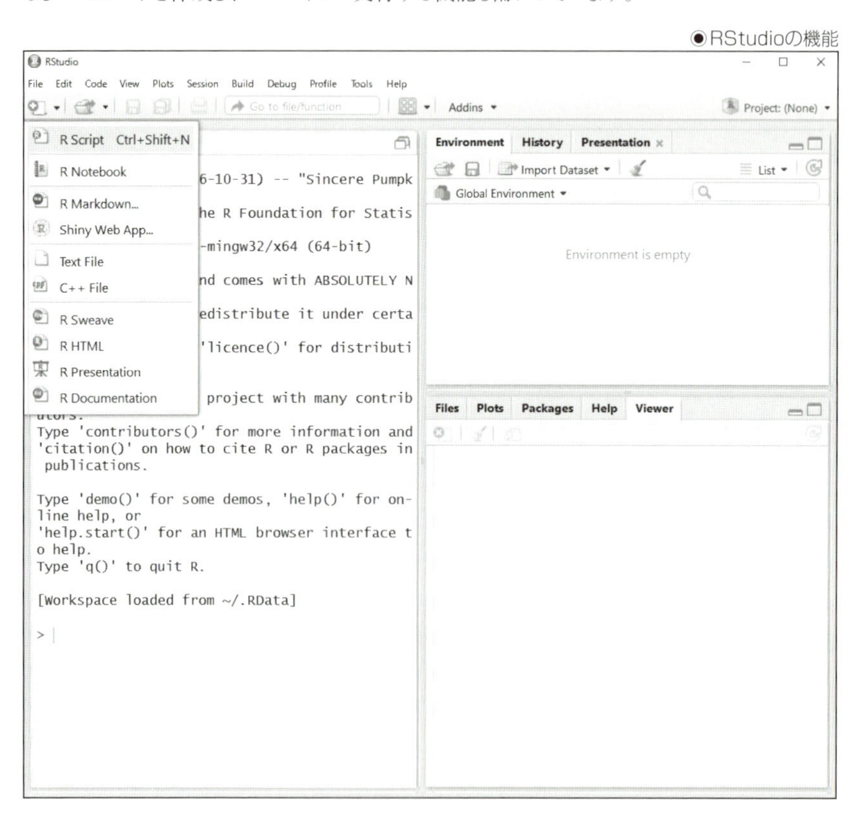

プロジェクト

RStudioを使う場合、**プロジェクト**という単位で作業をした方がファイルなどの管理がしやすくて便利です。

左上にある[File]メニューから[New Project]を選びます。ダイアログが表示されるので[New Directory]を選びます。ここから新規プロジェクトの保存先と名前を指定します。[Empty Project]をクリックし、[Directory Name]にプロジェクト名を、また[Browse]で保存先を選択できます。

ただし、Windowsユーザーは、この際に日本語を避け、半角アルファベットと半角数字のみを利用し、スペースは挿入しないことを強く推奨します。RもRStudioも海外で開発されたアプリケーションであり、日本語の漢字やひらがなへの対応が完全とはいえません。筆者の経験でも、日本語名のフォルダにファイルを保存していたためにR/RStudioでトラブルが生じたことが何度かあります。また、Windowsユーザーの多くはログイン名を日本語にしているかもしれません。たとえば、「C:¥Users¥石田」です。可能であればCドライブなどの下に「Working」などのフォルダ(「C:¥Working」)を作成しておき、ここをRStudioの新規プロジェクトの保存先とするのが理想的です。

プロジェクトを作成したら、スクリプトを用意します。[File]メニューから[New File]→[R Script]を選びます。左のペインが分割され、上半分に新しいファイルが表示されます。本章では、このファイルに命令を書きながら、プログラミング言語としてのR言語の基礎を学んでいきます。ただし、R/RStudioはあまりに多機能であり、本書ですべてを網羅するのは到底不可能です。ここでは本書を読み進める上で必要となる知識に限定して説明します。R言語の可能性をもっと詳しく知りたいという読者は参考文献に挙げた関連書を参照してください。

(石田)

Rの基礎知識

本節ではR言語の基礎を学びます。主にRにおけるデータ形式について説明します。また、Rに特有のパッケージシステムについても紹介します。特に本書全体で利用される**dplyr**パッケージの使い方を解説しています。

ただし、紙幅の関係でこの章での説明はごく基本的な機能に限定しています。R言語や各種パッケージについて詳細を知りたい読者は参考文献を参照してください。

オブジェクト

最初に**オブジェクト**という言葉を覚えましょう。たとえば、次のようにスクリプトに記述し、カーソルがその行にあるのを確認してCtrlキー(Macの場合はCommandキー)とEnterキーを同時に押してみてください。

```
x <- 1:10
x
```

すると下のConsoleペインに次のように表示されたはずです。

```
> x <- 1:10
> x
[1] 1  2  3  4  5  6  7  8  9  10
```

まず**1:10**ですが、これは1から10までの整数を表します。間に挟んだコロン(:)が「連続する整数」を作るための命令にあたります。

次に**x <-**は右に書いた1から10までの整数10個をまとめて**x**という名前を付けることを意味します。すると、以降、**x**は1から10までの整数10個を表すことになります。この**x**を**オブジェクト**と呼びます。また、**<-**を代入演算子(あるいは付値演算子)と呼びます。代入演算子とは、要するにオブジェクトを作る命令だと考えてください。こうした命令のことをプログラミング言語では**コード**とも呼びます。

オブジェクトの名前は自由に付けることができますが、半角英数字を使うことをお勧めします。ただし、オブジェクト名を数字で始めることはできません。なお、大文字と小文字は区別されます。**x**と**X**は別のものです。

オブジェクトを実行すると(ここでは**x**とだけ書いた行にカーソルをあわせてCtrl+Enterキーを押すと)、代入された1から10までの整数がConsoleに表示されます。

ベクトル

オブジェクトxは10個の整数をまとめたものでした。Rでは特にこれを**ベクトル**と呼びます。ベクトルはC言語やJavaの「配列」に相当すると考えてください。以下、ベクトルをいくつか作成してみます。

```
> y <- c(1, 20, 100)
> y
```

```
[1]   1  20 100
```

```
> z <- c("あ", "いう", "えおか")
> z
```

```
[1] "あ"     "いう"   "えおか"
```

オブジェクトの中身を確認するには、そのオブジェクト名を入力して実行します。つまり、スクリプト上でコードにカーソルを合わせた状態でCtrl+Enterキーを押します。

連続した整数をオブジェクトにする場合は`1:10`のように間にコロン(:)を使えば済むので簡単でした。しかし、ユーザーの指定する任意の要素をベクトルにまとめるには`c()`という**関数**を使って、丸括弧の中に要素を**カンマ**(,)で区切って指定する必要があります。関数については後述します。

なお、プログラミング言語では数値と文字を区別します。そしてベクトルの要素に数値と文字を混ぜることはできません。次のようにすると、Rの方ではすべて文字に変換してしまいます。

```
> xyz <- c(1, "1", 2, "二", 3)
> xyz
```

```
[1] "1"  "1"  "2"  "二" "3"
```

ややこしいのですが、数値の1と文字としての"1"は別物です。なお、文字は常に引用符で囲みます。

ベクトルは複数の要素をまとめたオブジェクトです。そして要素の並びには順番があります。たとえば、Rに組み込みの(元から入っている)オブジェクトに`letters`があります。実行すると次のように表示されます。

```
> options(width = 50)
> letters
```

```
 [1] "a" "b" "c" "d" "e" "f" "g" "h" "i" "j" "k"
[12] "l" "m" "n" "o" "p" "q" "r" "s" "t" "u" "v"
[23] "w" "x" "y" "z"
```

前ページの実行例では出力が3行にわたるよう調整しています。最初の**options**という命令で表示幅を半角50文字に設定しているのですが、とりあえずこの命令は無視してください。

ここで注目していただきたいのは出力の左にある**[1]**や**[12]**、**[23]**です。これは、すぐ右にある要素の順番を表しています。上の出力だと"a"が1番目、"l"が12番目、そして"w"が23番目ということです。では、次のように書き加えて操作してみてください。

```
> letters[23]
```

```
[1] "w"
```

23個目の要素である"w"だけが取り出されました。この処理で取り出されるのは"w"だけですから、左端には**[1]**、つまり1番目と表示されています。このように角括弧(ブラケット)内に指定される要素番号を**添字**といいます。

関数

関数といっても数学の話ではありません。Rを含め、プログラミング言語で関数は処理を行うオブジェクトにあたります。といっても難しい話ではありません。たとえば、次のコードでは1から10までの整数を合計するのに**sum()**という関数を使っています。

```
> sum(1:10)
```

```
[1] 55
```

sumとは英語で「合計」のことですが、Rで**sum()**は合計という処理を行う関数です。多くのプログラミング言語で関数は丸括弧内に指定されたオブジェクトを処理します。

上記の**sum()**の場合、丸括弧内にあるオブジェクトは**1:10**で、1から10までの整数という意味です。つまり**sum(1:10)**は1から10までの整数を合計する処理をします。

この丸括弧内に指定するオブジェクトのことを**引数**(ひきすう)と呼びます。関数についての情報はConsoleでクエスチョンマーク(?)と関数名を入力して(この際には丸括弧は省きます)実行すると、右のペインの「Help」タブに表示されます。

これをヘルプページといいます。ちなみにヘルプは、ショートカットキーを使って表示することもできます。ショートカットキーとはマウス操作と同等の処理をキーボード入力で実行することです。この場合は**sum**にカーソルをあわせた状態でF1キーを押すと表示されるはずです。RStudioで利用可能なショートカットキーの一覧を確認するには、やはりショートカットキーでAlt+Shift+Kキーを押します。これはAltキーとShiftキー、そしてKキーを同時に押すことを表します(一覧を閉じるにはEscキーを押します)。

```
?sum
```

◉sumのヘルプの冒頭部分

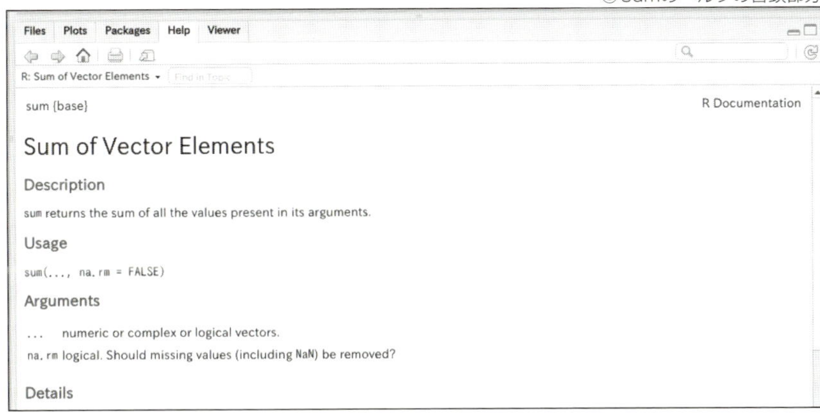

ヘルプは残念ながら英語で書かれていますが、難しい文章ではありません。極端にいえば一番下に書かれている実行例を試してみるだけでも、その使い方がわかることも多いです。ですので迷ったらヘルプを参照する癖を付けるといいでしょう。

ここで表示されているヘルプの冒頭部分について簡単に説明すると、sum{base}はsum()という関数はRのbaseパッケージに含まれていることがわかります。**パッケージ**というのは、Rで機能や目的ごとに用意された関数などをまとめた単位です。

下のSum of Vectors Elementsは英語そのままで「ベクトルの要素を合計する」という意味で、この関数の用途を表現しています。

Descriptionも同様に機能説明ですが、「引数(arguments)として与えられた値の合計を求めて返す(return)」とあります。関数は処理した内容を表示したりしますが、プログラミング言語では「返す」とか「戻す」と表現します。

Usageは使い方です。関数の丸括弧内にある...などの引数については、次のArgumentsで説明されています。

このようにヘルプを参照するだけでも、関数の使い方がある程度はわかるのですが、やはり日本語で情報が欲しいという方は参考文献にある『改訂3版 R言語逆引きハンドブック』などを参照してください。

Rには膨大な数の関数が用意されていますが、多くが英単語を類推させる名前が付けられています。また、ヘルプの最後にあるExamplesを確認するだけでも参考になるはずです。さきほどのsum()の場合、次のようにあります。

◉sumのヘルプにある実行例

```
Examples

## Pass a vector to sum, and it will add the elements together.
sum(1:5)

## Pass several numbers to sum, and it also adds the elements.
sum(1, 2, 3, 4, 5)

## In fact, you can pass vectors into several arguments, and everything gets added.
sum(1:2, 3:5)

## If there are missing values, the sum is unknown, i.e., also missing, ....
sum(1:5, NA)
## ... unless we exclude missing values explicitly:
sum(1:5, NA, na.rm = TRUE)

[Package base version 3.3.1 Index]
```

ヘルプの実行例から、`sum(1:5)`は`sum(1,2,3,4,5)`としても同じ結果が得られることがわかります。

Ⅲデータフレーム

さてRはデータ処理を得意とするプログラミング言語です。そのため、表計算ソフトのワークシートに相当するオブジェクトを定義できます。ワークシートというのは、次のような構造で数値や文字を記録したデータのことです。

Name	Japanese	English	Mathematics
犬	65	73	62
猫	80	83	84
猿	71	85	87
雉	68	64	80

4つの列がありますが、1列目の名前は文字(ただし、ここでは引用符は表示されていません)、残り3つの列は数値(整数)です。

各列がベクトルになっており、これを束ねたオブジェクトをデータフレームといいます。各列の要素数は同じです。

Rではデータフレームを次のように作成できます。

```
> df1 <- data.frame(Name = c("犬","猫","猿","雉"), Japanese = c(55, 66, 77, 88))
> df1
```

```
  Name Japanese
1  犬       55
2  猫       66
3  猿       77
4  雉       88
```

```
> df2 <- data.frame(ALPHABET = LETTERS[1:5], alphabet = letters[1:5])
> head(df2 )
```

```
  ALPHABET alphabet
1        A        a
2        B        b
```

```
3        C        c
4        D        d
5        E        e
```

LETTERS[1:5]やletters[1:5]にある添字の[1:5]は、要素の先頭から5番目までだけを使うという意味です。

また、最後のコードにあるhead()はデータの冒頭部分だけを表示する関数です。デフォルトでは最初から6行だけを表示します。

ただし、実際には表計算ソフトで作成したファイルを読み込んでRでデータフレームとして利用するのが一般的でしょう。これについては参考文献の『改訂3版 R言語逆引きハンドブック』などを参照してください。

添字はRでデータを参照する最も基本的な方法ですが、角括弧と数値をオブジェクトに付記するため、コードの見た目が複雑になりがちです。特にデータフレームを操作する場合、角括弧と添字を繰り返すのは煩雑になります。

そこで、本書ではパイプ処理というデータ操作を採用します。続く節で説明しますが、パイプ処理を導入することでコードの見通しが格段によくなります。

リスト

リストは複数のオブジェクトを1つにまとめたオブジェクトです。ウェブスクレイピングでは、複数のデータフレームをまとめたリストを処理する機会が多くあります。

前述のように作成した2つのデータフレームdf1とdf2を要素とするリストを作成してみます。

```
> dflist <- list(DF1 = df1, DF2 = df2)
> dflist
```

```
$DF1
  Name Japanese
1   犬        55
2   猫        66
3   猿        77
4   雉        88

$DF2
  ALPHABET alphabet
1        A        a
2        B        b
3        C        c
4        D        d
5        E        e
```

このdflistには2つのデータフレームが要素として含まれています。リストでも添字を使って要素を取り出すことができますが、角括弧を二重にする必要があります。

また、リストの要素に名前が付いている場合(ここではDF1とDF2が該当)、ドルマーク($)と列名を使って取り出すこともできます。

```
> # 添字を使う
> dflist[[1]]
```

```
  Name Japanese
1   犬       55
2   猫       66
3   猿       77
4   雉       88
```

```
> # 名前を使う
> dflist$DF1
```

```
  Name Japanese
1   犬       55
2   猫       66
3   猿       77
4   雉       88
```

リストの操作

ウェブスクレイピングでは、取得したデータがリスト形式である場合が多くなります。そして、リストの要素それぞれから値を抽出したい、あるいは関数を適用したい場合が出てきます。ここではRでリストを操作する方法を学びます。

▶リストの繰り返し処理

比較的単純なリストを例に、その操作方法を説明しましょう。

```
> myList <- list (A = 1:10, B = 101:110, C = 1001:1010)
> myList
```

```
$A
 [1]  1  2  3  4  5  6  7  8  9 10

$B
 [1] 101 102 103 104 105 106 107 108 109 110

$C
 [1] 1001 1002 1003 1004 1005 1006 1007 1008 1009 1010
```

A、B、Cはそれぞれ数値を要素とするベクトルです。

▶ lapply()

リストの各要素の平均値を求めてみます。Rで平均値は**mean()**で求められますが、これを**lapply()**と併用します。

```
> lapply(myList, mean)
```

```
$A
[1] 5.5

$B
[1] 105.5

$C
[1] 1005.5
```

ここで利用した**lapply()**はRの基本関数です。リストから要素を取り出して、関数を適用する場合に使います。使い方の基本は次のようになります。

```
lapply(リスト、関数)
```

ここではリストの要素である**A**、**B**、**C**それぞれに**mean()**を適用した結果を、やはりリストとして返しています。ちなみに、**sapply()**を使うと、結果をベクトルにして返します。

```
> sapply(myList, mean)
```

```
     A      B      C
   5.5  105.5 1005.5
```

Rには**apply**族と呼ばれる関数があり、これらを使うことでリストやベクトルを効率的に処理できるようになります。**apply**族の詳細をここで説明することはしませんが、興味のある方は参考文献、あるいは**?apply**を実行してヘルプを参照してください。

もう少し複雑な例を紹介しましょう。たとえば、アルファベット大文字と小文字それぞれのベクトルを要素として含むリストがあるとします。

```
> alphabet <- list(BIG = LETTERS, small = letters)
> alphabet
```

```
$BIG
 [1] "A" "B" "C" "D" "E" "F" "G" "H" "I" "J" "K" "L" "M" "N" "O" "P" "Q"
[18] "R" "S" "T" "U" "V" "W" "X" "Y" "Z"

$small
 [1] "a" "b" "c" "d" "e" "f" "g" "h" "i" "j" "k" "l" "m" "n" "o" "p" "q"
[18] "r" "s" "t" "u" "v" "w" "x" "y" "z"
```

それぞれのリストから3番目の要素を取り出してみます。

```
> lapply(alphabet, `[`, 3)
```

```
$BIG
[1] "C"

$small
[1] "c"
```


ここで適用しているのは[という演算子(つまり関数)です。[はベクトルから要素を取り出すと前述しました。実は`letters[3]`は、`` `[`(letters, 3) ``と書くことも可能なのです(「`」はバックチックという記号です)。上記の実行例では、この後者の書き方を`lapply()`に適用しています。`lapply()`で実行する関数への引数を指定する場合は次の構文になります。

```
lapply(リスト, 関数, 関数の引数)
```

`alphabet`リストでは、要素はBIGと`small`の2つのベクトルですが、それぞれに[演算子と3を指定して実行しています。`LETTERS[3]`と`letters[3]`を実行したのと同じことになります。

▶リストをデータフレームに変換する

続いてリストをデータフレームに変換する方法を紹介します。前述のように作成した`myList`の各要素を列に直したデータを作成してみます。

```
> myDF <- do.call("data.frame", myList)
> myDF
```

```
    A   B    C
1   1 101 1001
2   2 102 1002
3   3 103 1003
4   4 104 1004
5   5 105 1005
6   6 106 1006
7   7 107 1007
8   8 108 1008
9   9 109 1009
10 10 110 1010
```

```
> class(myDF)
```

```
[1] "data.frame"
```

新たにdo.call()という関数が出てきました。これは第1引数に指定した関数を、第2引数のリストに適用する関数です。

また、複数のデータフレームを結合して1つにまとめる処理ならばrbind()を使って実行することができます。まず例として2つのデータフレームを用意します。なお、それぞれの列数と列名が一致していないと、原則としてデータフレームに結合できません。

```
> df1 <- data.frame(Name = c("犬","猫"),  Japanese = c(55, 66))
> df1
```

```
  Name Japanese
1   犬       55
2   猫       66
```

```
> df2 <- data.frame(Name = c("猿","雉"),  Japanese = c(77, 88))
> df2
```

```
  Name Japanese
1   猿       77
2   雉       88
```

行方向、つまり上下に結合します。ここでdo.call()とrbind()を併用します。

```
> do.call("rbind", list(df1, df2))
```

```
  Name Japanese
1   犬       55
2   猫       66
3   猿       77
4   雉       88
```

なお、この例では単にrbind(df1, df2)としても構いません。

▶効率性について

Rについてネットなどで調べていると「効率的な処理」という表現を目にする機会が多くなるはずです。「効率的」の意味する範囲は広いですが、ベクトル単位で処理を実行できるという特徴が真っ先に挙げられます。

たとえば、1から10までの数値の合計を求める処理を従来のプログラミング言語で実行する場合はループという処理を行うことになります。ループとは繰り返し処理のことですが、for構文を使って実現します。

```
> x <- 1:10
> tmp <- 0
> for (i in x) {
+     tmp <- tmp + i
+ }
> tmp
```

```
[1] 55
```


最初に1から10までの整数を要素とするベクトルxを作成し、次に途中の計算結果を保存するtmpというオブジェクトに0を代入して準備しておきます。続いてfor構文ではxから要素を1つ取り出してはiに代入し、tmpに足しています(tmp <- tmp + 1)。これをxのすべての要素に実行することで、最終的にtmpは1から10までの合計になっているわけです。ループによってtmp + iが10回繰り返されることになります。

もっともRでこの処理は次のように実行します。

```
> x <- 1:10
> sum(x)
```

```
[1] 55
```

つまりfor構文をユーザーが書く必要はありません。これはsum()が、引数としてベクトルが渡されることを想定しており、その要素を合計する方法が実装されているからです。そのため、sum()は「**ベクトル演算**に対応している」などといいます。

Rの関数のほとんどはベクトル演算に対応しています。ベクトルを処理するのにユーザーがわざわざループを指定する必要はありません。これがRの最大の特徴でもあります。

ちなみに合計を求める処理をユーザーがあえて独自に関数として作成するのであれば、たとえば、次のようになるでしょうか。

```
> mySum <- function(vec) {
+     tmp <- 0
+     for (i in vec){
+         tmp <- tmp + i
+     }
+     tmp
+ }
> x <- 1:10
> mySum(x)
```

```
[1] 55
```

function()という関数を使うことで、ユーザー独自の関数を定義できます。自作の関数はオブジェクト名(ここではmySum)を指定して実行します。

ただし、ここで作成したmySum()は、引数として与えるベクトルの長さ(要素数)が多くなると処理に膨大な時間がかかるようになります。さらにベクトルの要素のチェック(数値ではなく誤って文字が与えられていないか)なども一切行なわれていません(これを例外処理といいます)。R本体や追加パッケージに実装されている関数は、こうした例外処理などのきめ細かい配慮がなされているのが普通です。自身で関数を定義する前に、Rないし公開パッケージを検索し、必要とする機能が用意されていないか調べましょう。パッケージの検索方法は第3章の「Rのパッケージを利用したお手軽データ抽出」(121ページ)で紹介しています。

▶条件分岐のif

最後に、forのようにコードの流れを制御する構文として、他にifがありますので紹介します。

ifは条件分岐と呼ばれる処理を行います。たとえば、指定された数値が0か否かを判定する場合などに使います。

```
> x <- 2
> if(x != 0) {
+     print ("not 0")
+ }else{
+     print ("It's 0")
+ }
```

```
[1] "not 0"
```

一般にifはelseとセットで使われます。英語の「もしも……ならば……である」に対応します。「もしも……ならば」の部分が条件にあたります。条件はifの直後に丸括弧で指定します。ここでは「x(の中身)が1でないならば」を表しています。!=は等しくないという意味です。ちなみに等しいは==で表します。この条件が正しい、つまり「真」である場合の処理を波括弧{}で囲んでいます。ここではprint()を使って"not 0"と表示するだけです。

「さもなければ……」はelse{}で指定します。条件に当てはまらない場合の処理を波括弧内に記述します。ここでは単に"It's 0"と表示するだけです。

ちなみにif()の丸括弧内に指定できるのは条件式です。条件式とは、実行すると「真」(TRUE)ないし「偽」(FALSE)のいずれかの結果を返すコードのことです。上記ではx != 0が条件式ですが、xには2が代入されているので、この式はTRUEを返し、直後の波括弧内に書かれたコードが実行されます。

(石田)

dplyrパッケージ入門

前節でリストから要素を取り出すには二重角括弧[[を利用すると説明しましたが、ここではデータフレームを効率的に処理できるパイプ処理を紹介します。

実は、インストールした直後のRにはパイプ処理の機能はありません。パイプ演算子を中心とした処理を行うにはdplyrパッケージを利用します。

Rのパッケージの導入

まずは、dplyrパッケージを導入しましょう。**パッケージ**とはR本体にない機能を追加で導入する仕組みです。パッケージは世界中のRユーザーによって開発・公開されており、誰でも自由に使うことができます。

Rの開発チームによって審査されたパッケージはCRANというサイトからダウンロードできます。また、最近ではGitHub(https://github.com)上で開発・公開されることも多くなりました。GitHubで公開されているパッケージ一覧はhttp://rpkg.gepuro.netで確認できます。

ここでは CRAN からパッケージをインストールする方法を解説します。RStudioではパッケージをメニューから操作してインストールすることもできます。しかし、ここではコードを書いてインストールする方法を紹介します。インストールには`install.packages()`を使います。長い名前ですが、実はRStudioにはオブジェクト名の補完機能があります。

スクリプトで「inst」ぐらいまで入力すると、画面にコンテキストメニューが表示され、「inst」で始まるオブジェクトの一覧が表示されるはずです。

候補から`install.packages()`を選ぶと、カーソルが丸括弧内に移動するので、ここに引用符付きで"dplyr"と入力します。

```
install.packages("dplyr")
```

実行するとWindowsの場合はパッケージの保存先として新しくwin-libraryというフォルダを作成するかどうかを尋ねられるかもしれません。その場合はYESを選びましょう。すると左下のConsole画面でインストールの進行を確認できるはずです。よく観察すると、dplyrパッケージだけではなく、他にもたくさんのパッケージがインストールされることに気付くでしょう。

これらは依存パッケージといいます。dplyrパッケージは他の拡張パッケージを利用しているため、これらのパッケージがあわせて導入されるのです。

パッケージの読み込み

パッケージが導入できたら、最初に次のようにパッケージを読み込みます。dplyrパッケージを利用する場合は、最初に1度だけ必ずこの命令を実行する必要があることを覚えてください。

```
> library(dplyr)
```

さて、それではdplyrパッケージの使い方を紹介します。適当なサンプルデータを使って説明しましょう。Rには多数のデータがサンプルとして組み込まれています。ここでは**ToothGrowth**というデータを例に取り上げます。3列、60行ほどあるデータなので冒頭部分だけを表示してみます。

```
> head(ToothGrowth)
```

```
   len supp dose
1  4.2   VC  0.5
2 11.5   VC  0.5
3  7.3   VC  0.5
4  5.8   VC  0.5
5  6.4   VC  0.5
6 10.0   VC  0.5
```

名前がやや長いデータですが、**To**と入力してTabキーを押せばすぐに補われるはずです。また、このデータのヘルプ、つまり説明は次のようにオブジェクト名の頭にクエスチョンマークを付けて実行することで表示できます。あるいはカーソルをあわせてF1キーを押すことでもヘルプは表示されます。

```
?ToothGrowth
```

●ToothGrowthデータ

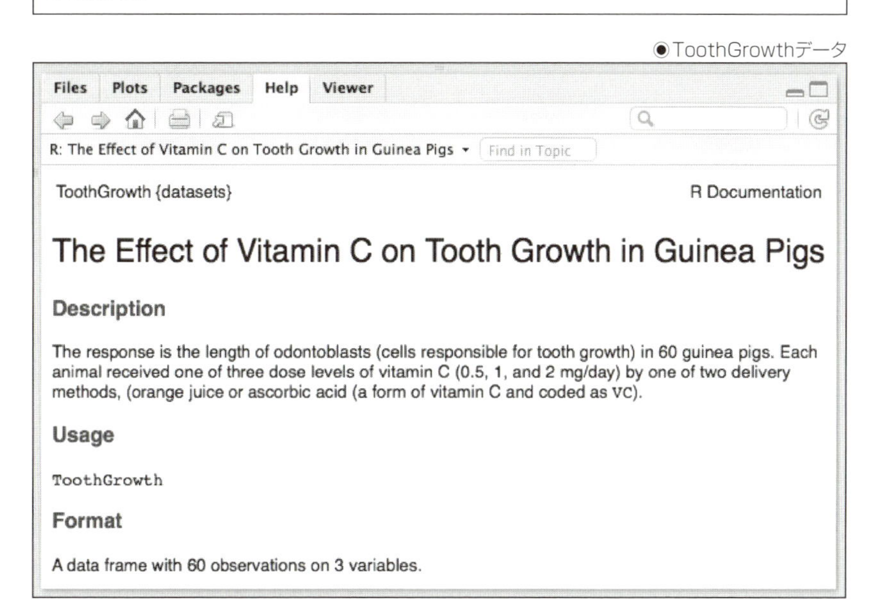

Descriptionによれば、60匹のモルモットにビタミンCを与えた場合の歯（の成長に必要な細胞）の長さ**len**を計ったデータとあります。ただし、モルモットによって、投与するビタミンCの容量**dose**とビタミンCの種類**supp**が異なります。つまり、ビタミンCの種類と容量が歯の成長に影響を与える効果を調べたデータです。

従来の方法

まず添字として条件式を指定してデータからビタミンCとしてオレンジジュース("OJ")を与えた場合のデータを選び、その最初の6行だけを表示してみましょう。

```
> head(ToothGrowth[ToothGrowth$supp == "OJ", ])
```

```
    len supp dose
31 15.2   OJ  0.5
32 21.5   OJ  0.5
33 17.6   OJ  0.5
34  9.7   OJ  0.5
35 14.5   OJ  0.5
36 10.0   OJ  0.5
```

添字の角括弧内に`ToothGrowth$supp == "OJ"`,とあるのは、`ToothGrowth`データの**supp**列の値が"OJ"、つまりオレンジジュースであるデータをすべて取り出せという意味です。多くのプログラミング言語で「等しい」をイコール記号を2つ(**==**)で表現します。ちなみにデータフレームでは添字内部をカンマで前半と後半に分け、前が行の指定、後ろが列の指定を意味します。

```
データフレーム[行の指定 、 列の指定]
```

上記の添字を使った抽出の例では、カンマ(,)の前に列の条件指定を置いているので矛盾するようですが、実際の意味は**supp**列の値が"OJ"である「行」をすべて取り出せ、ということです。そして、ここでカンマの後ろは空白のままで角括弧が閉じられています。これは該当する行については、その列をすべて取り出せという意味になります。

添字を使った操作では`ToothGrowth`を2回入力しています。また、コード全体を`head()`で囲んでおり、くどい感じがしないでしょうか。少なくとも読みやすいコードとはいえないと思われます。あるいは次のように実行することも可能です。

```
> head(subset(ToothGrowth, supp == "OJ"))
```

```
    len supp dose
31 15.2   OJ  0.5
32 21.5   OJ  0.5
33 17.6   OJ  0.5
34  9.7   OJ  0.5
35 14.5   OJ  0.5
36 10.0   OJ  0.5
```

`subset()`はその名前が示す通り、オブジェクトの一部を取り出すための関数です。角括弧を使うよりもスッキリしているようにも思えます。ただ条件に合うデータを取り出した上で、さらに最初の6行だけを表示させるために`head()`で全体を囲んでいるため、やはりコードの見通しが良いとはいえません。

%>%演算子

それではパイプ処理を使ってみましょう。まずは説明を抜きにして実行してみます。

```
> ToothGrowth %>% filter(supp == "OJ") %>% head()
```

```
   len supp dose
1 15.2   OJ  0.5
2 21.5   OJ  0.5
3 17.6   OJ  0.5
4  9.7   OJ  0.5
5 14.5   OJ  0.5
6 10.0   OJ  0.5
```

%>%という記号が出てきました。これはパイプ演算子といいます。パイプという意味は左から右に処理を流していくことをイメージしているからです。この例だと、まず左に**ToothGroth**オブジェクトがあり、%>%に続けて**filter()**があります。これも名前通りにデータをフィルタにかけますが、その条件として**supp**列が"OJ"であることを指定してます。そしてさらにパイプ演算子を繋げて**head()**に続けています。

慣れの問題もありますが、括弧の中に処理を次々と入れ子にし、処理が中から外へ向って行われるコードよりも、%>%を使って処理を右へ右へと書き並べていく方が見通しが良いとはいえないでしょうか。

- 従来の処理: **関数C(関数B(関数A(データ)))**
- パイプ処理: **データ %>% 関数A %>% 関数B %>%　関数C**

最近では世界中の多くのユーザーがパイプ処理を取り入れています。パイプ処理の方がデータ操作の見通しが優れていると判断しているからかもしれません。本書ではパイプ演算子を多用します。この機会にぜひ慣れていただければと思います。

以下、パイプ演算子とともに使う機会の多い関数を紹介します。いずれもdplyrパッケージを導入することで使えるようになる関数です。

データフレームを操作する主な関数

dplyrパッケージには、データから行や列を指定して抽出、あるいは加工するための関数が多数用意されています。ここでは、こうした関数を紹介します。

▶select()

select()はデータフレームから必要な列を取り出すのに用います。また、その際に列名を変更できます。そこで**ToothGrowth**データの**len**と**supp**という列名をそれぞれ**length**と**supp_type**に変更してみます。

```
> ToothGrowth %>% select(length = len, supp_type = supp) %>% head()
```

```
  length supp_type
1    4.2        VC
2   11.5        VC
3    7.3        VC
4    5.8        VC
5    6.4        VC
6   10.0        VC
```


▶ filter()

filter()は指定された条件に一致する行(レコード)を抽出します。

次の例では、**len**の値が25を越え、**dose**が1の行を抽出しています。複数の条件を指定する場合はカンマで区切ります。

```
> ToothGrowth %>% filter(len > 25, dose  == 1)
```

```
   len supp dose
1 26.4   OJ    1
2 25.2   OJ    1
3 25.8   OJ    1
4 27.3   OJ    1
```

▶ mutate()

mutate()は値を操作します。たとえば、**len**はミリメートル単位ですが、これをインチに変換してみましょう。1ミリメートルは約0.039インチです。したがって、**len**列の要素すべてに0.039を乗じればいいことになります。列全体を対象に計算を行うには単に**len * 0.039**を実行するだけです。

```
> ToothGrowth  %>% mutate(len2 = len * 0.039) %>% head()
```

```
   len supp dose   len2
1  4.2   VC  0.5 0.1638
2 11.5   VC  0.5 0.4485
3  7.3   VC  0.5 0.2847
4  5.8   VC  0.5 0.2262
5  6.4   VC  0.5 0.2496
6 10.0   VC  0.5 0.3900
```

実行すると、新たに**len2**という列が追加されます。ちなみに、**len**そのものを上書きすることもできます(ただし、後になって**len**を変換していることを忘れたまま別の作業を開始してしまう可能性もあるので、注意が必要です)。

なお、dplyrと同時にインストールされているmagrittrパッケージの%<>%を使うと、左辺(%<>%の左に来るオブジェクト)を右辺で上書きできます。

```
> library(magrittr)
> ToothGrowth %<>% mutate(len = len * 0.039) %>% head()
```

mutate()の引数にlen = len * 0.039を指定しています。これによりデータフレームのlen列はlen * 0.039と修正した結果で上書きされます。なお、%<>%を利用する前にlibrary(magrittr)を一度だけ実行し、magrittrパッケージをロードしておく必要があります。

magrittrパッケージには他にも便利な関数が備わっています。たとえば、ベクトルやリストから要素を抽出する場合、角括弧の代わりにextract()あるいはextract2()を使うことができます。

```
> dflist %>% extract2(1)
```

```
  Name Japanese
1   犬       55
2   猫       66
3   猿       77
4   雉       88
```

ここでextract2()は[[に相当します。引数に1を指定して、1個目の要素を抽出しています。

```
> dflist %>% "[["(1)
> # 上記の処理は dflist[[1]] と同じこと
```

```
  Name Japanese
1   犬       55
2   猫       66
3   猿       77
4   雉       88
```

ちなみに、extract()という関数はベクトルから要素を抽出する[に対応しています。

以上、dplyrパッケージで利用できる関数のごく一部を紹介しました。dplyrパッケージには、この他にも多数の機能が備わっています。もっと詳しく知りたい読者は、パッケージに備わっているビネットという資料を参照してください。次のように実行すると、RStudioの右下のペインにビネットが表示されます。

```
vignette("introduction", package = "dplyr")
```

（石田）

ウェブ技術入門

本章ではウェブサイトの標準的なフォーマットであるHTMLドキュメントの構造について解説します。

そして前章で導入したR/RStudioを使ってサイトにアクセスし、ドキュメントを取得する方法を紹介します。Rに読み込まれたドキュメントはDOMという特殊な構造で保存されています。

DOMを操作することでドキュメントから必要な部分だけを取り出すことが可能になります。

HTMLの基礎

ウェブサイトにアクセスして表示されるのはHTMLドキュメントです。本章ではこのドキュメントのフォーマットについておさらいをします。

また、Rなどのプログラング言語を使ってHTMLドキュメントをパソコンに取り込んだ場合、内部ではDOMという構造に変換されます。DOMに変換されたドキュメントから必要な部分を検索したり抽出する方法を習得するのが、この章の目的です。HTMLやDOMの構造に熟知している読者は本節をスキップしても問題ありません。

HTMLはHyperText Markup Languageの略で、文書を構造化するためのフォーマットです。これは**W3C**(World Wide Web Consortium; https://www.w3.org/)という国際組織によって仕様が標準化されています。HTMLの基本はタグです。下記にシンプルな例を示します(https://IshidaMotohiro.github.io/sample_check/simple.htmlでアクセスできます)。

```
<html>
  <head>
    <title>ページタイトル</title>
  </head>
  <body>
    <h1>大見出し</h1>
    <a href="http://www.okadajp.org/RWiki/">リンク1</a>
    <br>
    <a href="http://rmecab.jp" target="_blank">リンク2</a>
  </body>
</html>
```

HTMLドキュメントは<html>という**開始タグ**で始まり、最後に</html>という**終了タグ**で終わるのが基本です。

また、「html」はタグの名称、タグ名です。タグ名を構成するアルファベットは大文字でも小文字でも構いません。本書では、タグ名はすべて小文字で表記することにします。

さて、<head>タグの中には<title>タグが入れ子になっています。<title>タグに挟まれた値、つまり「ページタイトル」という文字は、このファイルにブラウザでアクセスした際に画面の左上に表示されるラベルを指定してます。ブラウザの画面に表示されるのは<body>タグの内部に記載された本文です。上記のHTMLドキュメントでは4行の記載がありますが、ブラウザ上に表示されるのは3行だけです。「大見出し」と「リンク1」、そして「リンク2」です。

◉シンプルなHTMLドキュメント

<h1>タグはこの要素が最上位の見出し(大見出し)として表示されるべきことをブラウザに指示しています。要するに、文字サイズの大きなボールド体で表示しろということです。

HTMLで利用可能なタグは他にも多数ありますが、これらをすべて本書で説明することできません。興味のある読者はGoogleなどで検索してみてください。

ウェブスクレイピングを実行する上で押さえておきたいのはタグの「要素(element)」、「属性(attribute)」、「値(value)」の区別です。

要素は、たとえば「<title>ページタイトル</title>」のように原則として開始タグ、値(ここでは「ページタイトル」という文字列)、そして終了タグからなるセットのことです。また、「title」が要素名になります。要素は別の要素の入れ子になっている場合もあります。

```
<head>
  <title>ページタイトル</title>
</head>
```

ここでtitle要素は、head要素の中に組み込まれています。要素には終了タグがない場合もあります。
は改行を表すタグですが、これに対応する終了タグ</br>はありません。

一方、属性は開始タグの内部で「属性=値」のように指定されています。リンク先のURLを指定したアンカータグが典型例です。

```
<a href="http://www.okadajp.org/RWiki/">リンク1</a>
```

ここでhrefが属性であり、その値がhttp://www.okadajp.org/RWiki/というURLです。なお、ややこしいのですが、a要素の「値」は「リンク1」という文字列の方です。

ここまでの知識を応用すると、読み込んだHTMLドキュメントからリンクのURL一覧を取得するにはa要素を探し、そのhref属性の値部分を抽出すればよいことになります。

(石田)

RからHTMLドキュメントへのアクセス

前節の知識を確認するため、実際にRでスクレイピングしてみましょう。Rにはウェブスクレイピングを簡単に実行するためのパッケージがいくつか用意されていますが、ここではrvestパッケージを紹介します。

前章で解説したように、CRANからインストールするための関数`install.packages()`を実行し、`library()`でロードします。

```
> install.packages("rvest")
> library(rvest)
```

これでrvestパッケージを利用する準備が整いました。さっそくHTMLドキュメントを読み込む関数`read_html()`を使ってみましょう。本節の最初に紹介したきわめてシンプルなHTMLドキュメントを読み込みます。

```
> simple <- read_html("https://IshidaMotohiro.github.io/sample_check/simple.html")
```

基本的には関数の中で(引数に)URLを文字列として指定するだけです。ここでは実行結果を`simple`という名前のオブジェクトとして保存しました。Rのコンソールに`simple`と入力してEnterキーを押して内容を確認してみましょう。

```
> simple
```

```
{xml_document}
<html>
[1] <head>\n  <title>ページタイトル</title>\n</head>
[2] <body>\n    <h1>大見出し</h1>\n    <a href="http://www.okadajp.org/RWiki/ ...
```

コンソールに表示されている内容は、読者の予想とは異なるものでしょう。

実は`simple`オブジェクトは`read_html()`が読み取ったHTMLドキュメントそのままではなく、これをDOMという特殊な構造で表現したオブジェクトと関連付けられているのです。

DOM(Document Object Model)はHTMLドキュメントの要素をクリスマスツリーのような木構造で表現したモデルです。

◉DOMツリーの例

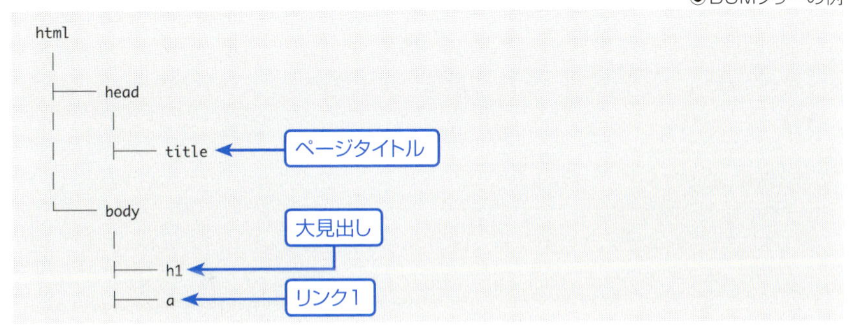

DOMのツリー構造は親子関係にたとえられます。たとえば、headはhtmlの子要素であり、逆にhtmlはheadの親要素です。

それではHTMLドキュメントから要素を検索してみましょう。DOMではHTMLドキュメント内の要素を**ノード**と呼びます。**rvest**パッケージには`html_nodes()`という関数があり、本書でも随所で利用されますので、ここで覚えてしまいましょう。なお、本書ではDOMの操作に第1章で解説した**dplyr**パッケージのパイプ演算子を併用します。`library(dplyr)`を実行しておいてください。

ではドキュメントからh1要素を抽出してみましょう。

```
> simple %>% html_nodes("h1")
```

```
{xml_nodeset (1)}
[1] <h1>大見出し</h1>
```

出力からh1要素がまるごと取り出されていることが確認できると思います。もっとも実際に取得したいのは、要素の値、つまり文字列部分だけの方かもしれません。そのような場合は、上のコードの右に`html_text()`を続けます。

```
> simple %>% html_nodes("h1") %>% html_text()
```

```
[1] "大見出し"
```

次にリンクのURLを取り出してみましょう。先に述べたようにリンクのURLはa要素のhref属性に記録されています。この場合に頼りになる関数が`html_attrs()`です。ノードを指定する`html_nodes()`と組み合わせて使います。

```
> simple %>% html_nodes("a") %>% html_attrs()
```

CHAPTER 02 ウェブ技術入門

```
[[1]]
                              href
"http://www.okadajp.org/RWiki/"

[[2]]
                  href                target
"http://rmecab.jp"              "_blank"
```

該当するノードが複数ある場合にはそれらがすべて取り出されます。

紛らわしいのですが、単数形の**html_attr()**という関数もあります。この場合は引数に属性の名前を指定します。すると属性の値だけが取り出されます。

```
> simple %>% html_nodes("a") %>% html_attr("href")
```

```
[1] "http://www.okadajp.org/RWiki/" "http://rmecab.jp"
```

2つ目のURLだけが必要であれば添字、あるいはmagrittrパッケージの**extract()**を使います。

```
> library(magrittr)
> simple %>% html_nodes("a") %>% html_attr("href") %>% extract(2)
```

```
[1] "http://rmecab.jp"
```

ちなみにノードを指定する関数にも単数形の**html_node()**があります。

```
> simple %>% html_node("a")
```

```
{xml_node}
<a href="http://www.okadajp.org/RWiki/">
```

この出力は指定されたノードを探して最初に見付けた要素だけを出力するのです。

さて、**html_nodes()**についてもう少し詳しく説明しましょう。**html_nodes()**の引数は**x**、**css**、**xpath**の3つです。

第1引数xはDOMとして表現されたHTMLドキュメントを指定します。上記の実行例では**simple**オブジェクトが該当しますが、%>%演算子を使って**html_nodes()**に渡していることに注意してください。

第2引数と第3引数は両方は指定できず、どちらか片方だけ指定します。引数の名前を指定しない場合、第2引数である**css**に**a**を指定したことになります。**css**とはCSSセレクタのことです。CSSについては次節で説明します。

一方、第3引数**xpath**はCSSセレクタと同様に要素を抽出するための記法ですが、**css**よりも柔軟性があります。CSSおよびXPathそれぞれについて以降の節で具体的に説明しましょう。

（石田）

CSS

一般にCSSとはHTML要素の外見などを指定する方法のことです。ごく簡単な例を挙げれば、表示される文字のカラーやサイズなどを個別に指定するために使われるフォーマットです。CSSはHTMLドキュメントとは別ファイルとして用意されることが多いのですが、HTMLドキュメントのhead要素の内部に書き込むこともできます。

たとえば、https://IshidaMotohiro.github.io/sample_check/simple2.htmlをブラウザで開くと次のように表示されます。

●シンプルなHTMLドキュメント

このページのHTMLドキュメントは次のようになっています。ちなみにブラウザ上でマウスを右クリックするとコンテキストメニューが表示され、その中に「ソースを表示する」などの項目があるはずです。これを選択するとHTMLドキュメントの構造を確認することができます。

```
<html>
  <head>
    <meta charset="UTF-8" />
    <style type="text/css">
      <!--
        p.green { color: green; }
        p#red { color: red; }
        table.myTable th {
        background-color: #00cc00;
        }
      -->
    </style>
  </head>
  <body>
    <p>p タグ</p>
    <p class="green">classを使った例</p>
    <p id="red">idを使った例</p>
```

```
  </body>
</html>
```

head要素の中にstyle要素が入れ子になっています。ここでp要素、div要素、table要素のそれぞれにスタイルが定義されています。

p要素が3つありますが、このうち2つで「class」や「id」という属性が指定されています。これを**CSSセレクタ**といいます。このドキュメントでセレクタはstyle要素の入れ子として定義されています。「p.green」というセレクタはp要素にclass属性を定義し、また、「p#red」はid属性を指定しています。

この例ではどちらも単に表示される文字のカラーを変更するだけの設定です。つまりp要素のclass属性に「green」を指定するか、あるいはid属性として「red」を指定すると、p要素の値である文字の表示にカラーが設定されるわけです。

まずCSSでスタイルが定義されたHTMLドキュメントを読み込みます。

```
> simple2 <- read_html("https://IshidaMotohiro.github.io/sample_check/simple2.html")
> simple2
```

```
{xml_document}
<html>
[1] <head>\n  <meta charset="UTF-8"/>\n  <style type="text/css"><![CDATA[\n   < ...
[2] <body>\n  <div>\n     <p>pタグ</p>\n  </div>\n  <p class="green">classを ...
```

simple2.htmlではセレクタとしてクラス「green」とid「red」が定義されています。これらを指定して要素を抽出してみましょう。

```
> simple2 %>% html_nodes(css = ".green")
```

```
{xml_nodeset (1)}
[1] <p class="green">classを使った例</p>
```

```
> simple2 %>% html_nodes(css = "#red")
```

```
{xml_nodeset (1)}
[1] <p id="red">idを使った例</p>
```

classはドット(.)、またidはシャープ記号(#)を先頭に置いて指定します。文字列だけを取り出すならば**html_text()**を併用します。

```
> simple2 %>% html_nodes("body #red")  %>% html_text()
```

```
[1] "idを使った例"
```

ちなみに"body #red"というスペースを挟んだ指定方法は、このHTMLドキュメントの場合、**`html_nodes("#red")`**と同じ結果になります。これはbody要素の内部にidとして「red」が指定されている要素があれば取り出すという意味です。

（石田）

XPath

XPath(XML Path Language)は、その名前が示唆するようにXMLフォーマットのドキュメントから要素を効率的に抽出するための言語です。XMLドキュメントについては次の節で解説します。

なお、XPathはHTMLドキュメントにも対応しています。前節で取り上げたsample2.htmlを例に説明しましょう。

```
> simple2 %>% html_nodes(xpath = "/html/body/p")
```

```
{xml_nodeset (2)}
[1] <p class="green">classを使った例</p>
[2] <p id="red">idを使った例</p>
```

読み込んだドキュメントにはp要素が3つあるのですが、2つだけ取り出されています。その秘密は引数として与えた"/html/body/p"にあります。DOMは上の階層から下の階層へと枝分かれするツリー構造になっています。この階層の区切りをDOMではスラッシュ(/)で表します。

MacやLinuxを搭載したパソコンではフォルダのパスを「/Users/Ishida/Documents」のように表現することがありますが(Windowsでは「C:¥Users¥ishida¥Documents」)、それと同じと考えてください。

読み込んだDOMの頂点にはhtml要素があり、その直ぐ下にはbody要素が位置し、そしてさらに下にあるp要素を"/html/body/p"は指定することになるのです。

ところが、取り込んだHTMLドキュメントの最初にあるp要素はdiv要素の下にあります。DOMのツリー構成としては"/html/body/div/p"となるのです。したがって、"/html/body/p"という指定では抽出されないことになるのです。階層が違うのです。ちなみにdivは要素をグループ化(ブロック化)するために使われます。

```
> simple2 %>% html_nodes(xpath = "/html/body/div/p")
```

```
{xml_nodeset (1)}
[1] <p>pタグ</p>
```

実はXPathにはDOM構造で階層(位置)が異なる要素をすべて抽出するための記述方法があります。

```
> simple2 %>% html_nodes(xpath = "//p")
```

```
{xml_nodeset (3)}
[1] <p>pタグ</p>
[2] <p class="green">classを使った例</p>
[3] <p id="red">idを使った例</p>
```

要素名の前にスラッシュを2つ続けると、任意の階層を指定できるようになるのです。

3つのp要素それぞれの値を確認しましょう。

```
> simple2 %>% html_nodes(xpath = "//p") %>% html_text()
```

```
[1] "pタグ"    "classを使った例"    "idを使った例"
```

なお、//と/は併用できます。たとえば、body要素の子要素となっているp要素だけを取り出したい場合は次のように指定します。

```
> simple2 %>% html_nodes(xpath = "//body/p")
```

```
{xml_nodeset (2)}
[1] <p class="green">classを使った例</p>
[2] <p id="red">idを使った例</p>
```

これを次のようにスラッシュを1つ増やすと異なる結果が得られます。

```
> simple2 %>% html_nodes(xpath = "//body//p")
```

```
{xml_nodeset (3)}
[1] <p>pタグ</p>
[2] <p class="green">classを使った例</p>
[3] <p id="red">idを使った例</p>
```

これはbody要素を先祖とするp要素をすべて取り出します。

また、任意の要素を意味する*を使うことができます。*は**ワイルドカード**と呼ばれます。

```
> simple2 %>% html_nodes(xpath = "//body/p")
```

```
{xml_nodeset (2)}
[1] <p class="green">classを使った例</p>
[2] <p id="red">idを使った例</p>
```

```
> simple2 %>% html_nodes(xpath = "//body/*/p")
```

```
{xml_nodeset (1)}
[1] <p>pタグ</p>
```

最初の実行例ではbody要素の直接の子要素であるp要素のみを取り出しています。一方、2つ目の例ではbody要素の子要素の、そのまた子要素になっているp要素を取り出しています。階層において間に挟まれる要素を特に指定したくない場合にワイルドカードを使います。この場合、bodyとpの間にある任意の要素を*で指定しています。

なお、途中にスラッシュを挟んでいる場合、最初の//を省略し、"body/p"のように指定することもできます。

```
> simple2 %>% html_nodes(xpath = "body/p")
```

```
{xml_nodeset (2)}
[1] <p class="green">classを使った例</p>
[2] <p id="red">idを使った例</p>
```

```
> simple2 %>% html_nodes(xpath = "body/*/p")
```

```
{xml_nodeset (1)}
[1] <p>pタグ</p>
```

ちなみに、上記のXPath指定をCSSセレクタで表現すると次のようになります。

```
> simple2 %>% html_nodes(css = "body > p")
```

```
{xml_nodeset (2)}
[1] <p class="green">classを使った例</p>
[2] <p id="red">idを使った例</p>
```

```
> simple2 %>% html_nodes(css = "body p")
```

```
{xml_nodeset (3)}
[1] <p>pタグ</p>
[2] <p class="green">classを使った例</p>
[3] <p id="red">idを使った例</p>
```

最初の"body > p"はbody要素の「子」要素としてp要素を指定しています。次の"body p"は、body要素を「先祖」とするすべてのp要素を取り出します。

XPathで親子関係を表す//はCSSセレクタでは>と表現されます。また、XPathで先祖関係を表す/をCSSセレクタは半角スペースで指定します。

属性の指定

特定の属性が指定されている要素だけを取り出してみます。別のドキュメントを例に説明しましょう。

```
> simple3 <- read_html("https://IshidaMotohiro.github.io/sample_check/attrs.html")
```

◉リンク情報を含むドキュメント

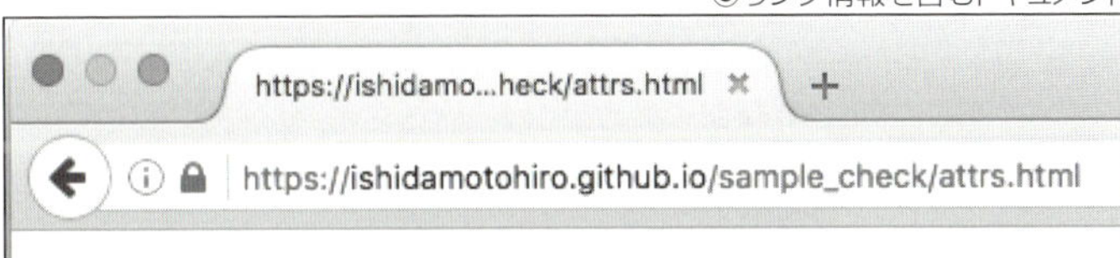

ここでtarget属性が指定されているa要素を取り出してみます。ちなみに、「target="_blank"」は、リンク先のページを新規ウィンドウとして表示させる指定です。

```
> simple3 %>% html_nodes(xpath = "//a[@target]")
```

```
{xml_nodeset (1)}
[1] <a href="http://rmecab.jp" target="_blank">RMeCab</a>
```

要素の属性は角括弧と@で表現します。CSSでは次のように指定します。

```
> simple3 %>% html_nodes(css = "a[target]")
```

```
{xml_nodeset (1)}
[1] <a href="http://rmecab.jp" target="_blank">RMeCab</a>
```

先にp要素のCSSセレクタの値である「.green」あるいは「#red」を指定して抽出する例を示しました。これらをXPathおよびCSSセレクタで表現してみます。まず、クラス属性を指定した結果を示します。なお、引用符としてXPath全体は"で囲み、XPath内部では'を使います。

```
> simple3 %>% html_nodes(xpath = "//p[@class = 'green']")
```

```
{xml_nodeset (1)}
[1] <p class="green">classを使った例</p>
```

```
> simple3 %>% html_nodes(css = "p[class = 'green']")
```

```
{xml_nodeset (1)}
[1] <p class="green">classを使った例</p>
```

```
> simple3 %>% html_nodes(css = "p.green")
> # この例では simple3 %>% html_nodes(css = ".green") でも同じ結果となる
```

```
{xml_nodeset (1)}
[1] <p class="green">classを使った例</p>
```

次にidを指定した抽出です。

```
> simple3 %>% html_nodes(xpath = "//p[@id = 'red']")
```

```
{xml_nodeset (1)}
[1] <p id="red">idを使った例</p>
```

```
> simple3 %>% html_nodes(css = "p[id = 'red']")
```

```
{xml_nodeset (1)}
[1] <p id="red">idを使った例</p>
```

```
> simple3 %>% html_nodes(css = "p#red")
> # この例では simple3 %>% html_nodes(css = "#red") でも同じ結果となる
```

```
{xml_nodeset (1)}
[1] <p id="red">idを使った例</p>
```

CSSセレクタでは要素のクラス指定を「要素名.クラス名」、また、要素のid指定を「要素名#id」とします。要素名を省略した場合、クラスあるいはidが一致するすべての要素が取り出されます。

表の抽出

HTMLドキュメント内で表がtable要素として含まれていることがあります。**rvest**パッケージには表を抽出するための関数が用意されています。表、すなわち、table要素を複数含むドキュメントを例に説明しましょう。

●表を含むドキュメント

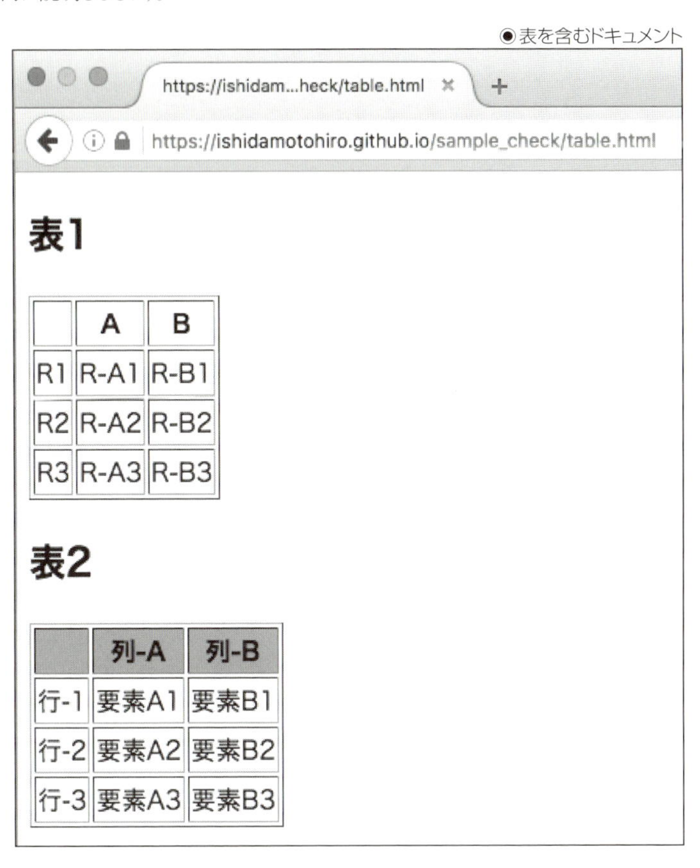


```
> dat   <- read_html("https://IshidaMotohiro.github.io/sample_check/xpath.html")
> tbls  <- dat %>% html_table()
> tbls
```

```
[[1]]
        A    B
1 R1 R-A1 R-B1
2 R2 R-A2 R-B2
3 R3 R-A3 R-B3

[[2]]
         列-A   列-B
```

```
1 行-1 要素A1 要素B1
2 行-2 要素A2 要素B2
3 行-3 要素A3 要素B3
```

このHTMLドキュメントには、table要素が2つあります。`read_table()`を使うとドキュメント内にある表をすべて抽出してリストとして返してくれます。

リストなので添字を使うことで必要な表だけに絞り込むことも可能です。あるいはmagrittrパッケージの`extract2()`を使うこともできます。ちなみに個々の表はデータフレーム形式となっています。

```
> # 添字を使う
> tbls[[1]]
```

```
       A    B
1 R1 R-A1 R-B1
2 R2 R-A2 R-B2
3 R3 R-A3 R-B3
```

```
> # magrittr パッケージを利用
> library(magrittr)
> tbls %>% extract2(1)
```

```
       A    B
1 R1 R-A1 R-B1
2 R2 R-A2 R-B2
3 R3 R-A3 R-B3
```

（石田）

要素の検索と抽出階層の関係指定

本章の最初に取り上げたドキュメントではp要素の2つがbody要素の子要素ですが、最初の1個がdiv要素の子になっています。

このp要素はbody要素の孫と表現することもできます。これらのp要素をまとめて「body要素の子孫にあたるp要素」ととらえて、"//body/descendant::p"と表記することも可能です。難しく表現すると、要素1と要素2の関係式(要素1/descendant::要素2)です。ちなみに英語のdescendantは子孫という意味です。

```
> simple3 %>% html_nodes(xpath = "//body/descendant::p")
```

```
{xml_nodeset (3)}
[1] <p>p タグ </p>
[2] <p class="green">classを使った例</p>
[3] <p id="red">idを使った例</p>
```

```
> simple3 %>% html_nodes(css  = "body p")
```

```
{xml_nodeset (3)}
[1] <p>p タグ </p>
[2] <p class="green">classを使った例</p>
[3] <p id="red">idを使った例</p>
```

CSSでは2つ目のコードのように子孫の関係を単に半角スペースで表します。

要素をもっと柔軟に指定する方法として述語(predicate)があります。たとえば、HTMLドキュメント内から文字列を検索することを考えます。要素の値に特定の言葉が含まれる場合だけを抽出してみましょう。

```
> simple3 %>% html_nodes(xpath = "//p[contains(text(), '使った例')]")
```

```
{xml_nodeset (2)}
[1] <p class="green">classを使った例</p>
[2] <p id="red">idを使った例</p>
```

```
> simple3 %>% html_nodes(css = "p:contains('使った例')")
```

```
{xml_nodeset (2)}
[1] <p class="green">classを使った例</p>
[2] <p id="red">idを使った例</p>
```

ここで**xpath**引数に**contains()**と**text()**の2つの述語が使われています。後者はp要素の値を文字列として抽出するために使われています。ここでDOMにはp要素が3つあります。「pタグ」と「classを使った例」、そして「idを使った例」です。なお、**css**を指定した場合の条件指定に**//**を加えるとエラーになるので注意してください。

a要素のhref属性の値に「https」が含まれる要素を抽出しみましょう。href属性の値をチェックし、「https」で始まるURLをチェックします。

```
> simple3 %>% html_nodes(xpath = "//a[starts-with(@href, 'https')]")
```

```
{xml_nodeset (1)}
[1] <a href="https://cran.ism.ac.jp">統計数理研究所CRAN</a>
```

```
> simple3 %>% html_nodes(css = "a[href^='https']")
```

```
{xml_nodeset (1)}
[1] <a href="https://cran.ism.ac.jp">統計数理研究所CRAN</a>
```

XPathでは**starts-with()**という述語を使いますが、CSSでは**^=**という演算子で表現します。

このようにXPathあるいはCSSを指定することで、DOM から要素を効率的に抽出することができます。CSSおよびXPathには他にも便利な記述方法がありますが、詳細はhttps://www.w3.org/TR/xpath/やhttp://www.w3.org/TR/css3-selectors/を参照してください。

ただ、実際のところ、XPathやCSSを正しく指定するのは慣れないうちは大変です。実は、標準的なブラウザには、アクセスしたサイトから要素をXPathあるいはCSSとして抽出してくれる便利な機能があります。

（石田）

ブラウザの開発ツール

ウェブブラウザの多くは、ウェブ開発を補助する機能を備えています。たとえば、Google Chromeでは[Google Chromeの設定]の[その他のツール]→「デベロッパーツール」から、現在開いているページのソースコードを表示することができます。あるいはドキュメント内の適当な箇所を右クリックして「検証」を選ぶことで、該当箇所のソースコードが表示されます。ソースコード上でハイライトされている部分を右クリックして[Copy]を選ぶとコンテキストメニューからXPathやCSSの取得ができます。

●Google Chromeの開発モード

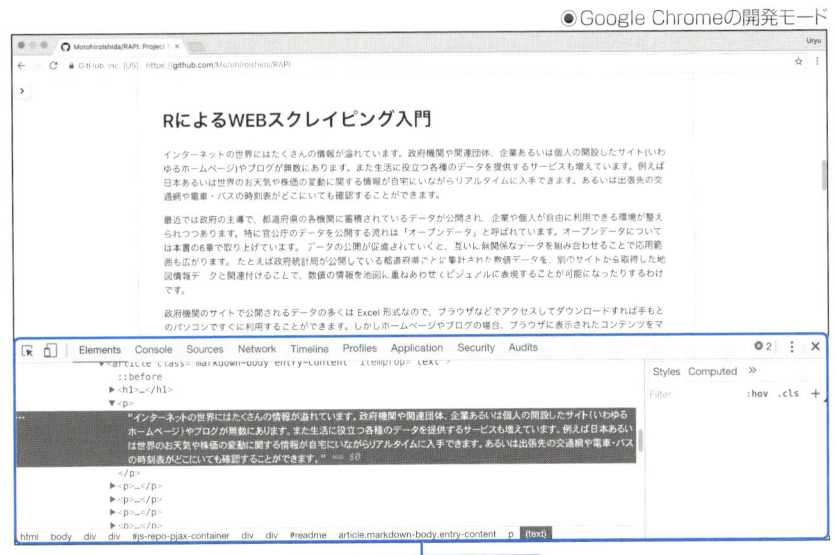

閲覧中のドキュメントのソースコードが表示される

実際にGoogle Chromeの開発モードを利用した例を示しましょう。本書のデモであるhttps://ishidamotohiro.github.io/sample_check/simple.htmlにアクセスします。表示されたドキュメント上の「リンク1」という部分にカーソルを合わせます。「検証」を選び、ハイライトされたHTML要素を右クリックし、CSSセレクタ(selector)をコピーしてください。その上で**rvest**パッケージを使ってドキュメント内の要素の抽出を行います。

```
> # CSSセレクタでコピーした内容を貼り付ける
> x <- read_html("https://ishidamotohiro.github.io/sample_check/simple.html")
> html_nodes(x, css = "body > a:nth-child(2)")
```

```
{xml_nodeset (1)}
[1] <a href="http://www.okadajp.org/RWiki/">リンク1</a>
```

カーソル位置にあった「リンク1」とそのHTML構造が取得できることが確認できるはずです。`a:nth-child(2)`はa要素の2番目の子要素を抽出するCSSセレクタになります。

▶外部ツールおよびブラウザ拡張機能

HTMLドキュメントの構造を把握する別の方法として、外部ツールや、ブラウザにインストールして使用する拡張機能（エクステンションやプラグイン、アドオンとも呼ばれます）が挙げられます。拡張機能とは、ブラウザの機能を強化したり、ブラウザの利便性を促進するツールです。ここではSelectorGadget、XPath HelperおよびFirefox専用の拡張機能としてXPath Checkerを用いた3つの方法を紹介します。

最初に紹介するのはSelectorGadgetというウェブブラウザのブックマークレットとして利用可能なフリーツールです。インストール方法はhttp://selectorgadget.comにアクセスし、表示されたドキュメント中央にあるSelectorGadgetというリンク部分をブラウザのブックマークバーにドラッグするだけです。ブックマークレットとして動作するため、利用するブラウザを問わずにXPathの取得が可能となります。また、Google Chromeであれば後述の拡張機能としてインストールも可能です。

簡単な使い方を示します。スクレイピングの対象とするページを開き、ブックマークバーに表示されている Selectorgadget をクリックします。すると画面下にポップアップが表示されます。この状態でドキュメントの任意の要素をクリックすると、その情報がポップアップに表示されます。

●Selectorgadgetの起動画面

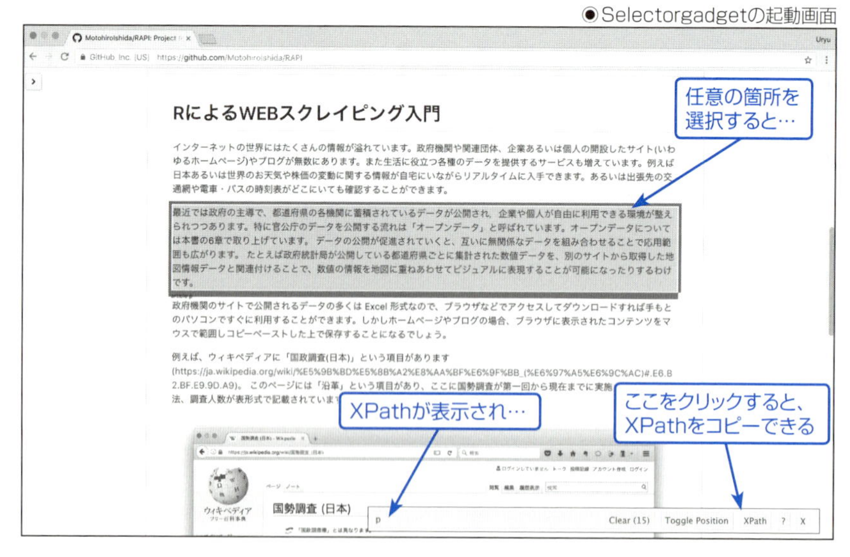

ここでポップアップウィンドウのXPathというボタンをクリックすると新たにウィンドウが表示され、テキストボックス内にXPathが入力されているので、これをコピーします。この値を`html_nodes()`の`xpath`引数として利用します。なお、Clearボタンをクリックすると、現在選択した箇所をリセットします。Selectorgadgetを終了するには右端の[X]（閉じる）ボタンをクリックします。

次に紹介するのはブラウザの拡張機能を使う方法です。ここではGoogle Chrome用の拡張機能であるXPath Helper（https://chrome.google.com/webstore/detail/xpath-helper/hgimnogjllphhhkhlmebbmlgjoejdpjl）を紹介しましょう。

XPath Helperをブラウザにインストールすると、メニューバーにXPath Helperのアイコンが登録されます。XPath Helperは、このボタンをクリックすることで起動します。XPath Helper起動後は、Shiftキーを押した際にカーソル位置にあるXPathが表示されます。異なる箇所を選択し直す場合はカーソルを移動させて再度Shiftを押します。XPath HelperではSelectorgadgetよりも詳細なXPath情報について得ることが可能となっています。詳細は割愛しますが、ぜひ使ってみてください。

XPath HelperはGoogle Chrome専用の拡張機能ですが、他のブラウザを利用している場合にはどうすればよいでしょうか。心配には及びません。多くの場合、ブラウザの種類に応じてXPathを取得するための拡張機能が開発されています。

たとえば、Firefoxの場合、XPath Checker（https://addons.mozilla.org/EN-us/firefox/addon/xpath-checker/）が該当します。XPath Checkerをブラウザにインストールすると、XPathを取得したい箇所を右クリックした際にView XPathという項目が表示されるようになります。メニューからこれを選択すると、クリックした箇所のXPathとマッチする要素が表示された新たな画面が立ち上がります。この画面で表示されたXPathは任意の値に変更することが可能で、複数の要素を含んだXPathの場合には、対象の要素の表示についても複数表示するようになっています。

●XPath Checker

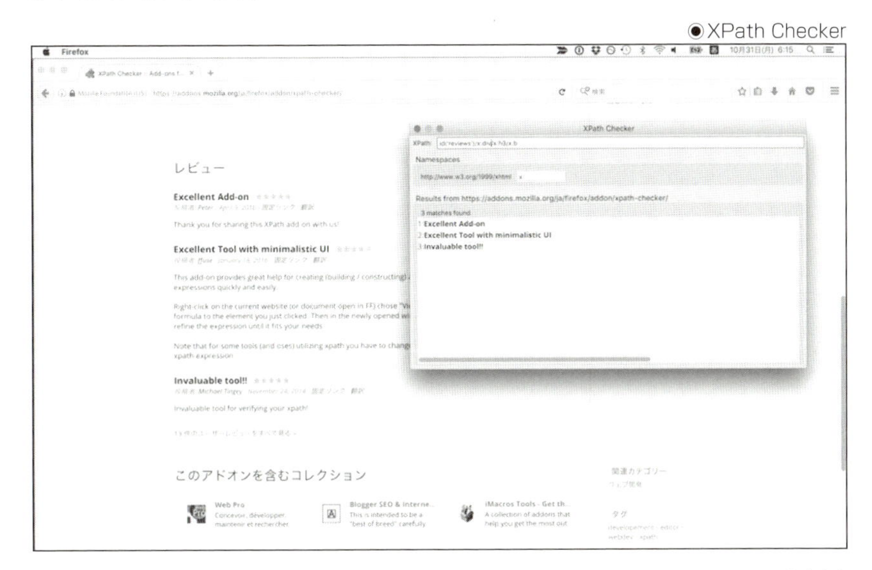

（瓜生）

データ構造

本節ではウェブから取得したデータの構造などについて解説します。最初に文字コードの問題を取り上げます。コンピューターで日本語を表現する仕組みには複数の方式があり、これを正しく処理できないと、いわゆる文字化けが生じます。

さらにXMLやJSONというデータ構造について基礎を解説します。これらはインターネット上でデータを送受信するために使われているデータ形式であり、ウェブスクレイピングを実行する上で必須の知識です。

文字コード

文字コードは、コンピューターで文字を表示する仕組みです。日本語の場合、Windowsで利用されるShift_JIS（正確にはMicrosoft社版のShift_JISという意味でCP932という名前が付いています）とMacやLinuxで標準のUTF-8の2つが現在の主流です。

ちなみにインターネットの世界では世界的にUTF-8が標準になりつつあります。そのため、日本語版のWindowsを使ってウェブサイトのドキュメントを読み込むと、いわゆる文字化けが生じる可能性があります。また、これによりWindows版のRでは処理が正常に行われないことがあります。

ただし、Windows版のRでは、UTF-8で作成されたHTMLドキュメントを読み込んでも、表示で問題が生じることは稀です。これはRの側が空気を読んで（つまりWindows環境であることを察して）、背後でうまく文字コードを変換処理してくれているだけです。画面の表示上は正常に見えても内部では文字コードがUTF-8のままなので、少し込み入った操作をしようとすると途端にトラブルに見舞われる可能性があります。

Windows版のRでUTF-8で作成されたドキュメントを処理する、あるいはCP932で作成されたドキュメントをMac版のRで操作するような場合は、文字コードを変換するという処理が欠かせません。次の節ではRにおける文字コードの処理について説明します。

文字コードの確認と変換

まず、実際に文字コードを確認してみましょう。コンピューターはあらゆるものを数値で処理しています。文字コードとは、ひらがなカタカナ、漢字のそれぞれに特定の数値を割り当てて区別する仕組みです。なお、以下の説明ではWindows版のRで操作しています。

まず、ひらがなの「あ」の文字コードを確認してみます。出力されるのは16進法という数値で、0から9まで10個に加えてa、b、c、d、e、fの6個のアルファベットを数字とみなす特別な記述方法です。

```
> charToRaw("あ")
```

```
[1] 82 a0
```

16進法の数値が2つ表示されています。CP932では1つの日本語文字を2つの数値で表現します。これに対して、半角英数字は1つで表現されます。

```
> charToRaw("あA")
```

```
[1] 82 a0 41
```

最後に追加された41というのがアルファベットのAに対応する文字コードです。ちなみに41というのは16進法での表現で、10進法に直すと65に相当します。

ではMacやLinuxで「あ」の文字コードはどうなるでしょうか。

Rでは文字コードを変えることが可能です。そこでWindowsのデフォルトであるCP932(つまりShift_JIS)を、MacやLinuxのデフォルトであるUTF-8に変換してみます。

```
> a <- "あ"
> a <- iconv(a, to = "UTF-8")
> charToRaw(a)
```

```
[1] e3 81 82
```

```
> a
```

```
[1] "あ"
```

2行目の`iconv()`が文字コードを変換する関数です。`to`引数に変換する文字コード指定します。ここでは"UTF-8"に変換しています。

すると文字コードはe3 81 82 と表示されました。UTF-8では日本語の文字の多くを3つの数値で表現しています。ここがCP932との大きな違いです。次に`a`を実行して文字をコンソールに表示させています。

ところが、UTF-8で設定された文字であるにもかかわらず、Windows環境で文字化けは起っていません。実は、Windows版RではUTF-8が正しく識別され、文字化けせずに表示されるのです。逆の処理をMac(Linux)環境で実行すると、次の出力が得られます。つまり、デフォルトではUTF-8の文字を、CP932に変換してみます。

```
> a <- "あ"
> a <- iconv(a, to = "CP932")
> a
```

```
[1] "\x82\xa0"
```

UTF-8環境のRでは正しく(というのも妙ですが)文字化けが起っています。MacやLinuxではCP932の文字コードを表示できないのです。また、MacやLinuxでは文字化けするだけでなく、おかしな結果も起ります(ただし、次の出力はR-3.3.1での結果です。今後のバージョンでは文字コードの処理が改善されているかもしれません)。

```
> a1 <- "あ"
> charToRaw(a1)
```

```
[1] e3 81 82
```

```
> a2  <- iconv ("あ", to = "CP932")
> charToRaw(a2)
```

```
[1] 82 a0
```

```
> a1 == a2
```

```
[1] FALSE
```

a1とa2は同じ文字を指していますが、それぞれの文字コードが違うので等しくない(FALSE)という結果が表示されています。ただし、Windows版Rで実行してみると異なる結果となります。上記の処理でto = "CP932"の部分をto = "UTF-8"に置き換えて実行すると、最後にTRUEと表示されるのです。Windows版Rではもとの文字コードがそれぞれ異なっていても、比較する際にはどちらもUTF-8に変換されるため「等しい」とみなされるようです。

文字コードに関連して生じる問題は、その都度、かなり泥臭い対応をしなければならないことが多いです。ここでは、Rでウェブスクレイピングを実行する上で注意が必要な点を3つ挙げるに留めておきましょう。

▶対象とするサイトの文字コードの確認

対象とするサイトの文字コードを確認しましょう。確認は次のように実行します。

```
> library(rvest)
> library(dplyr)
x <- read_html("https://IshidaMotohiro.github.io/sample_check/simple3.html")
x %>% html_node(xpath = "//meta[@content | @charset]")
```

```
{xml_node}
<meta http-equiv="Content-Type" content="text/html; charset=utf-8">
```

HTMLドキュメントで文字コードが指定されている場合はhead要素内に記述されていますが、ドキュメントが準拠するHTMLのバージョンによって指定方法が違います。

```
<meta charset="UTF-8">
<meta http-equiv="Content-Type" content="text/html; charset=UTF-8">
```

上の行の指定は現代の標準であるHTML5での記述であり、下の行の指定はHTML4での記述方法です。HTML4に準拠したドキュメントはまだ多数存在しています。そこで上記の実行例で`xpath`引数にcontent属性あるいはcharset属性の**どちらか**をチェックするという意味の縦棒|を利用しています。

▶ 文字コードがUTF-8でない場合

対象とするHTMLドキュメントの文字コードがUTF-8でない場合は、`read_html()`実行時に`encoding`引数を指定しましょう。次のように読み込みます。

```
> y <- read_html("http://rmecab.jp/R/sjis.html", encoding = "CP932")
```

読み込んだ結果はWindowsでもMac(Linux)でも文字コードはUTF-8に変換されています。なお、対象とするドキュメントの文字コードが不明な場合は**rvest**パッケージの`guess_encoding()`を使って推測してみることができるかもしれません。

```
> y <- read_html("http://rmecab.jp/R/sjis.html")
> guess_encoding(y)
```

```
      encoding language confidence
1    Shift_JIS       ja       1.00
2 windows-1252       en       0.25
3 windows-1250       ro       0.13
4 windows-1254       tr       0.11
5     UTF-16BE                0.10
6     UTF-16LE                0.10
7      GB18030       zh       0.10
8         Big5       zh       0.10
```

ただし、対象サイトが日本語で作成されている場合、文字コードを正しく推定できるとは限りません。この場合、`encoding`指定なしで読み込んでみて、文字化けするようなら`encoding`を試行錯誤するしかないでしょう。

▶ Windows版Rを使っている場合

Windows版Rを使っている場合、`read_html()`によって読み込まれたHTMLドキュメントの文字コードはUTF-8になっています。読み込まれた文字を表示する上で問題はありませんが、取得した日本語データを使ってさらに分析を行う場合、前もって文字コードをCP932に変更しておく方が無難でしょう。変換には`iconv()`を使います。文字数が多い場合はstringiパッケージを導入し、`stri_encode()`や`stri_conv()`を使う方が効率的です。なお、stringiパッケージは後述するstringrパッケージを導入すると自動的にインストールされます。そのため、インストールする場合は`install.packages("stringr")`と指定してください。これにより同時にstringiもインストールされます。

```
> # パッケージをインストールする
> install.packages("stringr")
> library(stringi)
> x %>% html_nodes("h1") %>% html_text()
> # Windowsの場合は最後に文字コードの変換が必要な場合がある
> # x %>% html_nodes("h1") %>% html_text()) %>% stri_conv(to = "CP932")
```

```
[1] "日本語Shift-Jis "
```

文字化けが生じる理由、また、問題を解決するのは容易ではありません。そのような場合、SNSに質問を投稿すると素早く適切な答を得られることがあります。

たとえば、Slackのr-wakalangルームは誰でも自由に質問を投稿できます。r-wakalangルームへの参加方法などはhttps://github.com/TokyoR/r-wakalangで確認してください。

（石田）

SECTION-011

XML

XMLとは次のようなフォーマットのドキュメントです（https://ishidamotohiro.github.io/sample_check/authors.xmlを参照）。なお、ブラウザによっては、画面上部に警告を表示している場合があります。

●https://ishidamotohiro.github.io/sample_check/authors.xml

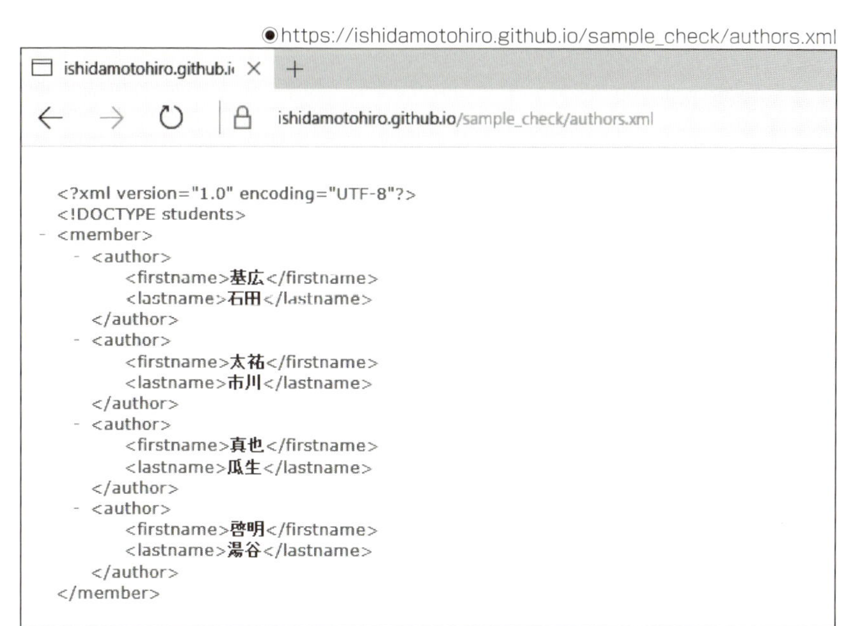

このXMLドキュメントの冒頭には「<?xml version="1.0" encoding="UTF-8"?>」という1行があります（ブラウザによっては表示されていない場合もあります）。これはXML宣言で、文字通り、このドキュメントがXMLフォーマットであることを表しています。そして続く行が、いわばXMLの本体になります。XMLでも「<」と「/>」を使って要素を表現するのはHTMLドキュメントと同じです。しかし、HTMLではタグはあらかじめ定められており、ユーザーが自由に設定することはできませんでした。ところがXMLではむしろユーザーの側が定義します。

ソースコードがブラウザでそのまま表示されるだけのフォーマットがなぜ必要なのか不思議に思われるかもしれません。が、XMLはデータを構造的に記録して送信するために開発されたフォーマットです。そして、そもそも人間が目視で確認することは想定されていません。しかし、データを効率的に保存し、かつ配信できるため、現在では広く利用されています。たとえば、MicrosoftのWordの保存形式であるDOCXファイルの本体はXMLです。また、スマートフォンのアプリではユーザーのデバイスとアプリのサーバーとの間で通信を頻繁に行いますが、そのフォーマットでもXMLは広く使われています。サーバーとクライアントの間で情報を通信する仕組みとしてウェブAPIがあります。これはインターネットを通してデータをクライアント（ブラウザないしスマートフォンのアプリなど)とやり取りする仕組みです。XMLはAPIにおける標準的なフォーマットの1つです。XMLはデータを構造化(階層化)して通信するのに優れたフォーマットなのです。

以下、ごく簡単なXMLドキュメントを例に説明します。

```
<?xml version="1.0" encoding="UTF-8" ?>
<!DOCTYPE member [
  <!ELEMENT member (author) >
    <!ELEMENT author (firstname, lastname) >
    <!ELEMENT firstname (#PCDATA)>
    <!ELEMENT lastname (#PCDATA)>
]>
<member>
   <author>
      <firstname>基広</firstname>
      <lastname>石田</lastname>
   </author>
   <author>
      <firstname>太祐</firstname>
      <lastname>市川</lastname>
   </author>
   <author>
      <firstname>真也</firstname>
      <lastname>瓜生</lastname>
   </author>
   <author>
      <firstname>啓明</firstname>
      <lastname>湯谷</lastname>
   </author>
 </member>
```

このドキュメントでは全体が3つ分かれています。最初の1行はXML宣言ですが、2行目の「<!DOCTYPE」から7行目の「]>」まではDTD宣言で、XMLドキュメントで使われる要素を定義しています。ただし、DTD宣言部分は必須ではありません。

後半の<member>から</member>までがデータ部分になります。そして、データは個人名であり、<author>で囲まれています。ここで<member>や<author>などの要素名は筆者が定義したものです。

XMLの定義方法について詳細は割愛します。さっそくXMLドキュメントを取得してみましょう。

```
> library(rvest)
> authors <- read_xml("https://IshidaMotohiro.github.io/sample_check/authors.xml")
```

ここで利用している`read_xml()`は、実はxml2パッケージの関数なのですが、rvestパッケージを読み込んでいれば利用できるようになります。

では要素を取り出してみましょう。

```
> authors %>% xml_nodes(xpath = "//lastname")
```

```
{xml_nodeset (4)}
[1] <lastname>石田</lastname>
[2] <lastname>市川</lastname>
[3] <lastname>瓜生</lastname>
[4] <lastname>湯谷</lastname>
```

```
> authors %>% xml_nodes(xpath = "//lastname") %>% xml_text()
```

```
[1] "石田" "市川" "瓜生" "湯谷"
```

基本的にはHTMLドキュメントの場合と変りません。ただ、関数名の最初の部分が`html_`から`xml_`に変っただけです。

名前空間

ここで少し高度な話題を取り上げます。**名前空間**です。名前空間とは同一の要素名が衝突するのを避ける仕組みです。XMLはユーザーが自由にタグ名を設定できるため、複数のユーザーが同一のXMLドキュメントを編集していると、それぞれが同じ名前のタグを異なる意味で使ってしまう可能性があります。

そこで要素名に識別子を付けます。たとえば、「『member』という要素名をこのドキュメントでは『rmecab』さんの定義で使う」などと定義するわけです。

先のXMLドキュメントに名前空間を指定してみましょう。

```
<?xml version="1.0" encoding="UTF-8" ?>
<!DOCTYPE member [
  <!ELEMENT member (author) >
    <!ELEMENT author (firstname, lastname) >
    <!ELEMENT firstname (#PCDATA)>
    <!ELEMENT lastname (#PCDATA)>
]>
<member xmlns="http://rmecab.jp" >
   <author>
      <firstname>基広</firstname>
      <lastname>石田</lastname>
   </author>
   <author>
      <firstname>太祐</firstname>
      <lastname>市川</lastname>
   </author>
   <author>
      <firstname>真也</firstname>
      <lastname>瓜生</lastname>
   </author>
```

```
  <author>
    <firstname>啓明</firstname>
    <lastname>湯谷</lastname>
  </author>
</member>
```

ここではmember要素に名前空間を「"http://rmecab.jp"」として指定しました。名前空間はこのようにURLで指定することが多いです。適当な単語にしてしまうと、別のサイトですでに使われている名前空間と衝突してしまう可能性がありますが、URLなら一意になります。試してみましょう。


```
> ns <- read_xml("https://IshidaMotohiro.github.io/sample_check/namespace.xml")
> ns %>% xml_nodes(xpath = "//lastname")
```

```
{xml_nodeset (0)}
```

名前空間が定義されたXMLドキュメントでは、先ほどのように**xpath**に**lastname**を指定しているにもかかわらず、要素が取得できません。XPathに名前空間を指定しなければなりません。名前空間は次のように確認できます。

```
> xml_ns(ns)
```

```
d1 <-> http://rmecab.jp
```

xml_ns()はXMLドキュメントの名前空間を抽出し、さらに略称を付けます。ここでは名前空間として「"http://rmecab.jp"」が指定されており、これに**d1**という略称を与えているのがわかります。そこで、この**d1**を次のように**xpath**引数に加えます。

```
> ns %>% xml_nodes(xpath = "//d1:lastname")
```

```
{xml_nodeset (4)}
[1] <lastname>石田</lastname>
[2] <lastname>市川</lastname>
[3] <lastname>瓜生</lastname>
[4] <lastname>湯谷</lastname>
```

APIサイトの返すXMLドキュメントには名前空間が定義されている場合があります（たとえば、第3章で紹介するYahoo!デベロッパーネットワーク）。**xml2**パッケージでは名前空間に**d1**や**d2**などの略称を与えてくれるので、XPathを指定する際は**//d1:**などを追記する必要があると覚えておきましょう。

（石田）

JSON

JSONは最近のウェブAPIで最もよく利用されているフォーマット形式です。JavaScript Object Notationの略語ですが、JavaScript(ブラウザなどで利用されるプログラミング言語)でしか使えないわけではなく、データを構造的に記述する汎用的なフォーマットです。

下記にフォーマットの例を示します。

```
{
  "authors":  [
    {
    "id": 1,
     "name": "石田基広"
    },
    {
      "id": 2,
      "name": "瓜生真也"
    },
    {
      "id": 3,
      "name": "市川太祐"
    },
    {
      "id": 4,
      "name": "湯谷啓明"
    }
  ]
}
```

JSONで使われるのはタグではありません。波括弧({})や角括弧([)、そしてコロン(:)を使います。JSONでは多くの場合、データを「"キー":値」のペアで表現します。たとえば、「"id": 1」や「"name": "石田基広"」がデータです。文字列は引用符で囲みます。こうしたデータをJSONでは波括弧でまとめて、オブジェクト(表記)とします。オブジェクト表記内にペアを複数並べる場合はカンマで区切ります。

一方、配列は角括弧内に数値などを並べて表現します。たとえば、「[1, 2, 3, 4, 5]」は配列です。Rのベクトル(1:5)に相当します。

ペアの値として別のオブジェクトあるいは配列を指定することができます。上記の例でいえば、「"authors"」というキーとペアとなる値として配列が「[」で指定されています。この配列は4つのオブジェクトを要素としており、それぞれが「id」と値のペア、「name」と値のペアをデータとするオブジェクトです。

RにはJSONフォーマットを扱うためのパッケージがいくつか公開されています。本書ではjsonliteパッケージを利用します。

```
> # パッケージのインストール
> install.packages("jsonlite")
> library(jsonlite)
```

fromJSON()を使って上のシンプルなJSONドキュメントを読み込んでみます。といっても、URLを文字列として渡すだけです。

```
> member <- fromJSON("https://IshidaMotohiro.github.io/sample_check/authors.json")
```

これでデータが抽出できています。オブジェクト名を指定して確認してみます。

```
> member
```

```
$authors
  id     name
1  1 石田基広
2  2 瓜生真也
3  3 市川太祐
4  4 湯谷啓明
```

出力の最初に**$authors**とあり、その下にデータが行と列に整然と並んでいます。

fromJSON()の返り値はリストになります。ここではリストの要素が1つだけで、データフレームになっています。リストの要素は二重角括弧を使って取り出します。あるいは、ここの出力ではリストの要素に名前が付いていますので、名前を指定して抽出することもできます。

```
> member[[1]]
```

```
  id     name
1  1 石田基広
2  2 瓜生真也
3  3 市川太祐
4  4 湯谷啓明
```

```
> member$authors
```

```
  id     name
1  1 石田基広
2  2 瓜生真也
3  3 市川太祐
4  4 湯谷啓明
```

上記の例はあまりにシンプルであり、実際のサイトでのデータ構造ははるかに複雑です。現実のJSONフォーマットについては、データ提供元のサイトに詳しい説明があるはずですから、それも確認しましょう。

（石田）

httrパッケージとXMLパッケージ

rvestパッケージを利用すると、手軽にウェブスクレイピングを実行できます。しかし、Rには他にもウェブスクレイピングに役立つパッケージが多数公開されています。代表的なパッケージがhttrとXMLであり、これらはcurlパッケージやRCurlパッケージに依存しています。いずれのパッケージもウェブの基本技術であるHTTPプロトコルを直接操作することができ、rvestパッケージよりも柔軟な処理が可能になります。ただし、HTTPについての知識も必要になります。HTTPについては本章の「HTTP」(82ページ)で解説しています。

ちなみにcurlというのはインターネットでのデータ送受信を行う汎用的なプログラム(ライブラリ)のことです。MacやLinuxには標準ツールとしてインストールされています(Windowsでは、たとえばrvestパッケージを導入すると自動的にインストールされます)。Rでウェブスクレイピングを行うためのパッケージ類はいずれもcurlの機能をバックグランドで使っています。

ここではhttrとXMLについて、それぞれのパッケージのヘルプをもとに簡単に説明しておきます。なお、httrの使い方については本章後半のHTTPの解説で詳しく取り上げています。

httrパッケージ

HTTPの基本的なやり取りは、クライアント(ブラウザ)がサーバーに対してリクエストを送り、そのレスポンスを受け取ることです。さらにクライアントの側では受信したデータを解釈してドキュメントとして表示します。

リクエストのメソッド(方式)には「GET」や「POST」などがありますが、httrパッケージには同名の関数が用意されています。基本的な手順は、どちらかの関数でドキュメントを取得し、その要素を抽出することです。

```
> library(httr)
> res <- GET("https://IshidaMotohiro.github.io/sample_check/xpath.html")
```

返り値を表示してみます。レスポンスの概要に続いてドキュメントの一部が表示されています。

```
> res
```

```
Response [https://IshidaMotohiro.github.io/sample_check/xpath.html]
  Date: 2016-11-03 23:58
  Status: 200
  Content-Type: text/html; charset=utf-8
  Size: 1.47 kB
<!DOCTYPE html>
<html>
<head>
  <meta charset="UTF-8" />
  <meta http-equiv="content-language" content="ja">
```

```
  <style type="text/css">
<!--
p {color:blue; line-height:1.5;}
p.green { color: green; }
...
```

rvestパッケージとの違いは、返り値はドキュメントのコンテンツだけでなく、サーバーの返す各種情報(ヘッダ)などが格納されたリストであることです。ここからコンテンツを取り出すには**content()**を使います。

```
> res %>% content()
```

```
{xml_document}
<html>
[1] <head>\n  <meta charset="UTF-8"/>\n  <meta http-equiv="content-langu ...
[2] <body>\n\n  <div>\n    <p>p タグ </p>\n  </div>\n  \n  <p class="green ...
```

取得されるコンテンツはDOM形式であり、rvestパッケージの提供する関数の返り値と同じです。GETメソッド送受信の各種ヘッダ類は**headers()**で取得できます。すべてのヘッダを表示するのは煩雑なので、ここではさらに**head()**(こちらはRに組み込みの関数)を続けて冒頭部分だけを示します。

```
> res %>% headers() %>% head()
```

```
$server
[1] "GitHub.com"

$`content-type`
[1] "text/html; charset=utf-8"

$`last-modified`
[1] "Mon, 24 Oct 2016 08:47:36 GMT"

$`access-control-allow-origin`
[1] "*"

$expires
[1] "Fri, 04 Nov 2016 00:08:08 GMT"

$`cache-control`
[1] "max-age=600"
```

httrパッケージはHTTPプロトコルのメソッドにそった実装がなされており、オプションの指定なども柔軟に指定できます。たとえば、リクエストの際にクッキーを送信したり、OAuthという認証を行うことができます。詳細は本章の95ページ以降を参照してください。

XMLパッケージ

XMLパッケージはrvestパッケージとほぼ同等の機能を提供します。XMLだけではなく、HTMLドキュメントを取得することもできます。ドキュメントはDOM(**XMLInternalDocument**クラス)としてだけではなく、Rのリスト形式(**XMLDocumentContent**クラス)としても扱うことができます。さらにドキュメントからリンクの一覧を取り出したり、データフレームに変換するための便利な関数も用意されています。

実際に使ってみましょう。最初にドキュメントをDOM形式で取得します。

```
> install.packages("XML")
> library(XML)
> # DOMの場合
> res1 <- htmlParse("http://rmecab.jp/R/test.html")
> res1 %>% class()
```

```
[1] "HTMLInternalDocument" "HTMLInternalDocument" "XMLInternalDocument"
[4] "XMLAbstractDocument"
```

次に、リスト形式で保存する方法を示します。

```
> # リストの場合
> res2 <- htmlTreeParse("http://rmecab.jp/R/test.html")
> res2 %>% class()
```

```
[1] "XMLDocumentContent"
```

HTMLドキュメントを取得する関数として**htmlParse()**と**htmlTreeParse()**がありますが、それぞれの返り値は異なっており、前者はDOM、後者はリストになります。後者の場合はRの他のリストのように角括弧を指定して要素にアクセスできます。これらの関数で取得したオブジェクトを操作するには、まず階層の先頭位置を指定しておきます。これには**xmlRoot()**や**xmlChidren()**を利用します。

```
> # DOM
> res1R <- xmlRoot(res1)
> # リスト
> res2R <- xmlRoot(res2)
```

ただし、DOMオブジェクトでは**xmlRoot()**を使わずに**res1**のままでもアクセスできます。リストオブジェクトの場合は**xmlRoot()**を使って先頭位置を指定するか、あるいは**res2[[1]]**としてアクセスする必要があります。

それではa要素を取り出してみましょう。

```
> # DOM
> res1R %>% getNodeSet("//a")
```

```
[[1]]
<a href="https://cran.ism.ac.jp">統計数理研究所CRAN</a>

[[2]]
<a href="http://www.okadajp.org/RWiki/" target="_blank">RjpWiki</a>

[[3]]
<a href="http://rmecab.jp" target="_blank">RMeCab</a>

attr(,"class")
[1] "XMLNodeSet"
```

```
> res1R %>% xpathSApply("//a", xmlValue)
```

```
[1] "統計数理研究所CRAN" "RjpWiki"            "RMeCab"
```

```
> # リスト
> res2R[[2]]["a", all = TRUE] %>% sapply(xmlValue) # %>% iconv(from = "UTF-8")
```

```
                   a                    a                    a
"統計数理研究所CRAN"            "RjpWiki"             "RMeCab"
```

getNodeSet()で要素全体を取得できます。また、要素の値のみを取り出すのであれば、DOMの場合は**xpathSapply()**に**xmlValue()**を指定します。オブジェクトがリストの場合は添字を駆使してa要素を特定し、そのすべてを取り出すのために**all = TRUE**を指定します。

結果から文字列を取り出すには**sapply()**を適用します。**sapply()**はリストの各要素に関数を適用する関数です。「sapply(オブジェクト, 関数)」として使います(ここでは%>%を利用しているので、括弧内には関数のみを指定しています)。

なお、最後のコードをWindowsで実行する場合、**iconv()**で文字コードを変換しないと文字化けします。

このようにXMLパッケージの提供する関数の出力はDOMとリストの2種類があり、それぞれ適用できる関数が異なるので注意が必要です。

ちなみにページ内のリンクからURLを取り出すには次のようにもできます。

```
> # DOM
> res1 %>% getHTMLLinks()
```

```
[1] "https://cran.ism.ac.jp"        "http://www.okadajp.org/RWiki/"
[3] "http://rmecab.jp"
```

getHTMLLinks()はその名前が示唆する通り、リンク先のURLを文字列として取得します。リンク先のURLはa要素の属性なので、xmlAttrs()を使って取得することもできます。

```
> res1 %>% xpathSApply("//a", xmlAttrs)
```

```
[[1]]
                     href
"https://cran.ism.ac.jp"

[[2]]
                           href                           target
"http://www.okadajp.org/RWiki/"                         "_blank"

[[3]]
              href              target
"http://rmecab.jp"            "_blank"
```

この場合、href以外の属性も抽出されます。

属性を指定して抽出したい場合はxmlGetAttr()を使います。

```
> res1 %>% xpathSApply("//a", xmlGetAttr, "href")
```

```
[1] "https://cran.ism.ac.jp"        "http://www.okadajp.org/RWiki/"
[3] "http://rmecab.jp"
```

```
> # リスト
> res2R[[2]]["a", all = TRUE] %>% sapply(xmlGetAttr, "href")
```

```
                              a                               a
       "https://cran.ism.ac.jp" "http://www.okadajp.org/RWiki/"
                              a
             "http://rmecab.jp"
```

また、XMLパッケージには、サイトのドキュメントから表を直接取り出す関数が用意されています。

```
> tab <- readHTMLTable("http://rmecab.jp/R/test.html")
> str(tab) # Windows環境ではエラーになるか、部分的に文字化けすることがあります
```

```
List of 2
 $ NULL:'data.frame':	3 obs. of  3 variables:
  ..$   : Factor w/ 3 levels "R1","R2","R3": 1 2 3
  ..$ A: Factor w/ 3 levels "R-A1","R-A2",..: 1 2 3
  ..$ B: Factor w/ 3 levels "R-B1","R-B2",..: 1 2 3
 $ NULL:'data.frame':	3 obs. of  3 variables:
  ..$      : Factor w/ 3 levels "行-1","行-2",..: 1 2 3
  ..$ 列-A: Factor w/ 3 levels "要素A1","要素A2",..: 1 2 3
  ..$ 列-B: Factor w/ 3 levels "要素B1","要素B2",..: 1 2 3
```

ドキュメントにある2つの表がリストとして保存されます。それぞれの要素はデータフレームとして保存されています。

リストにアクセスするには二重の角括弧を利用することに注意してください。

```
> tab[[2]]
```

```
         列-A   列-B
1 行-1 要素A1 要素B1
2 行-2 要素A2 要素B2
3 行-3 要素A3 要素B3
```

```
> # データ構造の確認
> class(tab[[2]])
```

```
[1] "data.frame"
```

あるいはリストから一部を取り出すのにmagrittrパッケージの**extract2()**を使うこともできます。

```
> library(magrittr)
> tab %>% extract2(2)
```

```
         列-A   列-B
1 行-1 要素A1 要素B1
2 行-2 要素A2 要素B2
3 行-3 要素A3 要素B3
```

実際にXMLドキュメントにアクセスして要素を取り出してみましょう。HTMLドキュメントの場合との違いは関数名の先頭を**xml**に変更することです。なお、リスト構造として取得した場合は**xmlRoot()**で先頭位置を指定する必要があることに注意してください。さもなければエラーになります。

```
> # DOM オブジェクトとして取得
> res3 <- xmlParse("http://rmecab.jp/R/authors.xml")
> res3 %>% xpathSApply("//lastname", xmlValue)
```

```
[1] "石田" "市川" "瓜生" "湯谷"
```

最後にXMLドキュメントからデータフレームを生成してみましょう。`xmlToDataFrame()`を使います。

```
> xmlToDataFrame("http://rmecab.jp/R/authors.xml")
```

```
  firstname lastname
1      基広     石田
2      太祐     市川
3      真也     瓜生
4      啓明     湯谷
```

単純なドキュメントであれば、そのままデータフレームに変換できる非常に便利な関数です。ただし、対象とするドキュメントの構造が複雑な場合、うまくデータフレームに変換されないこともあるので注意が必要です。

なお、XMLパッケージでは「https://」で始まるURLを指定できないので、RCurlパッケージの`getURL()`ないし`GET()`と併用する必要があります。

```
> library(RCurl)
> res1 <- htmlParse(getURL("https://IshidaMotohiro.github.io/sample_check/xpath.html"))
> res1 %>% class()
```

```
[1] "HTMLInternalDocument" "HTMLInternalDocument" "XMLInternalDocument"
[4] "XMLAbstractDocument"
```

ウェブスクレイピングを実践する上でrvestないしhttrパッケージが十分な機能を提供しています。ただし、インターネット上で公開されているウェブスクレイピングのためのコードではXMLパッケージが使われていることも多いので、XMLパッケージの使い方を知っておくのは無駄ではないでしょう。

（石田）

正規表現

最後に紹介するのは、文字データをプログラミングで処理する機能です。

ウェブスクレイピングでは取得したドキュメントから特定の文字を含む要素を探し出す機会が多くなります。たとえば、ドキュメントから数字の部分だけを取り出したいことがあります。

正規表現は、文字のパターンを指定して適合する部分だけを抽出する技術です。パターンの指定方法がわかりにくいのが欠点ですが、慣れると、たとえば、5桁以上8桁未満の数字だけを取り出すなど、細かい指定をつけた処理が実行できます。

ここでは最初に文字列を処理する関数をいくつか紹介し、その上で正規表現について解説します。

文字列の検索

まず3つの文章を要素とするベクトルがあるとします。これらの文中に数字の"1"を含む要素があるかどうかを判定してみましょう。

```
> bun <- c("今年は2017年です", "これは平成29年にあたります。", "干支は酉です。すなわちトリです.")
```

いずれも短文なので目視でも、もちろん判定できます。しかし、実際のウェブスクレイピングでは、長い文章を大量に処理する場合が多くなりますので、Rの関数で検索する方法を知っておくと役に立ちます。余談ですが、プログラマの間では自身の目で検索することを「目grep」と表現します。ただし、効率が悪い上に検索漏れも起ります。あまり自分の視力を過信しない方がよいでしょう。

Rには文字列を操作するための関数が多数備わっていますが、基本となるのは検索関数のgrep()です。

```
> grep("1", bun)
```

```
[1] 1
```

出力に1とあるのは、bunベクトルの1番目に"1"という文字が含まれていることを表してます。第1引数に検索したい文字列を、第2引数に対象の文字列(を含むオブジェクト)を指定します。検索したい文字列のことを**パターン**と表現します。なお、数値の1を指定する際に引用符で囲んでいることに注意してください。ここで検索するのは文字としての1だからです。また、日本語環境では全角文字と半角文字を区別するようにしてください。

該当する要素番号ではなく、要素そのものを出力するにはvalue引数にTRUEを指定します。

```
> grep("1", bun, value = TRUE)
```

```
[1] "今年は2017年です"
```

あるいは単に、含まれているかどうを知りたい場合は**grepl()**を使います。

```
> grepl("1", bun)
```

```
[1]  TRUE FALSE FALSE
```

TRUEは"1"が含まれていることを、また、FALSEは含まれていないことを表します。

文字列の置換

次に置換の方法です。**bun**オブジェクトの3番目の要素では、最後の句点が全角のドットになっています。これを句点に変えます。

```
> gsub(". ", "。", bun)
```

```
[1] "今年は2017年です"    "これは平成29年にあたります。"
[3] "干支は酉です。すなわちトリです。"
```

3つ目の文章だけが対象のつもりで実行しましたが、他の2つの文章も出力には含まれています。これは**gsub()**が第3引数として渡された**bun**ベクトルのすべての要素をチェックし、変更の必要がない場合も出力するからです。

なお、最近のRでは、文字列を処理するのにstringrパッケージを使うことが多くなりました。stringrパッケージはR本体には含まれていないので、まだ導入していなければインストールしてください。

```
> install.packages("stringr")
> library(stringr)
> str_replace_all(bun, ". ", "。")
```

```
[1] "今年は2017年です"    "これは平成29年にあたります。"
[3] "干支は酉です。すなわちトリです。"
```

ちなみにstringrパッケージを使って文字列を検索するには**str_detect()**を使います。あるいは指定された文字列を含む要素を取り出すには**str_subset()**が役に立ちます。

```
> str_detect(bun, "1")
```

```
[1]  TRUE FALSE FALSE
```

```
> str_subset(bun, "1")
```

```
[1] "今年は2017年です"
```

正規表現

では正規表現について解説します。ここで紹介できる機能はごく一部ですが、正規表現については優れた解説書、あるいはブログ記事が多数あります。詳しく知りたいという読者は参考文献を参照してください。

前述で作成したbunベクトルを対象に、数字の7か9が含まれている要素を取り出したい場合を考えます。これには「あるいは」を|で表現したパターンが使えます。

```
> grep("7|9", bun, value = TRUE)
```

```
[1] "今年は2017年です"    "これは平成29年にあたります。"
```

0から9までの数値(文字)を指定したければ、上記のように|でつなげていけばよいのですが、いかにも煩雑です。

```
grep("0|1|2|3|4|5|6|7|8|9", bun, value = TRUE)
```

実は正規表現を使うと、次のように表せます。

```
> grep("[0-9]", bun, value = TRUE)
```

```
[1] "今年は2017年です"    "これは平成29年にあたります。"
```

正規表現で角括弧は特殊な命令を表します。この場合は0から9までの数値(文字)のいずれか1つを指定したことになります。

これを使って数字が4つ並んでいるパターンを抽出してみましょう。

```
> grep("[0-9][0-9][0-9][0-9]", bun, value = TRUE)
```

```
[1] "今年は2017年です"
```

0から9までのいずれかの文字が4個並んでいる場合を指定しているわけです。もっとも、これは次のようにも表現できます。

```
> grep("\\d\\d\\d\\d", bun, value = TRUE)
```

```
[1] "今年は2017年です"
```

ここで\\dは「メタ文字」と呼ばれ、特殊な意味で使われています。上記の[]や「あるいは」を表す|もメタ文字に該当します。正規表現には次のようなメタ文字があります。

メタ文字	意味
\\d	数字
\\D	数字以外
\\w	アルファベット、数字、アンダーバー
\\W	アルファベットと数字、アンダーバーを除く文字
\\s	空白文字
\\S	空白文字以外
.	任意の文字
^	文字列の先頭
$	文字列の末尾
+	直前のパターンが1回以上続く
?	直前のパターンが0ないし1回続く
*	直前のパターンが0回以上続く
{n}	直前のパターンがちょうどn回以上続く
[]	指定された文字列のいずれか
()	グループ化

たとえば、句点を含む文章を検索したいとします。次の2のパターンを比較してください。

```
> grep("。", bun, value = TRUE)
```

```
[1] "これは平成29年にあたります。"    "干支は酉です。すなわちトリです."
```

```
> grep("。$", bun, value = TRUE)
```

```
[1] "これは平成29年にあたります。"
```

最初の実行結果は、文中のどこかに句点を含む要素が抽出されていますが、2つめのコードではパターンに$を追加しています。このため、文字列全体の末尾に句点がある要素だけが取り出されています。

メタ文字はstringrパッケージでも利用できます。数値が4個続くパターンを「----」に変更するには、次のように実行します。

```
> str_replace_all(bun, "\\d{4}", "----")
```

```
[1] "今年は----年です"    "これは平成29年にあたります。"
[3] "干支は酉です。すなわちトリです."
```

なお、置換する対象を複数指定したい場合は、stringiパッケージの`stri_replace_all_regex()`を使うのが便利です。

stringiパッケージはstringrパッケージの依存パッケージに指定されているので、後者をインストールすると同時にインストールされています。

```
> library(stringi)
> stri_replace_all_regex("あいうえお", c("あ","う"), c("ア","ウ"), vectorize_all = FALSE)
```

```
[1] "アいウえお"
```

これは指定した文字列の中から"あ"ないし"う"を検索し、発見した場合はそれぞれ"ア"、"ウ"に変換することを表現しています。vectorize_allにTRUEを指定すると別の結果になりますが、引数の意味についてはstringrパッケージのヘルプを参照してください。

文字クラス

メタ文字としての角括弧を使うといずれか1文字を指定することができると説明しました。たとえば、[A-Za-z]はアルファベットのいずれか1文字を指定したことになります。英数字をまとめて、いずれか1文字を指定するのであれば[A-Za-z0-9]となります。

このように文字種を指定したい場合に便利なのが文字クラスです。たとえば、[A-Za-z0-9]は[[:alnum:]]と表現されます(Rのコードで指定する場合は、角括弧を二重にします)。下記に、よく使われる文字クラスを挙げます。

文字クラス	正規表現	意味
[:upper:]	[A-Z]	大文字
[:lower:]	[a-z]	小文字
[:alpha:]	[A-Za-z]	アルファベット
[:alnum:]	[A-Za-z0-9]	数字とアルファベット
[:digit:]	[0-9]	数字
[:xdigit:]	[0-9A-Fa-f]	16進数
[:punct:]	[.,!?:...]	句読点
[:blank:]	[\t]	スペースとタブ
[:space:]	[\t\n\r\f\v]	空白文字
[:print:]	[^\t\n\r\f\v]	印字文字とスペース

たとえば、文字列の中からURLを取り出すには、次のように指定できます。

```
> sentences <- "URL is http://rmecab.jp"
> str_extract(sentences, "https?://[^[:space:]]*")
```

```
[1] "http://rmecab.jp"
```

メタ文字[]の内部に[:space:]を指定していますが、その先頭に^を加えています。^は「除く」という意味を表します。これにより、スペース以外を指定したことになるので、「http」からスペースが入るまでの文字列が抽出できることになります。ただし、次のようにURLの前後にスペースがない場合は正しく抽出できません。

```
> sentences <- "URLはhttp://rmecab.jpです"
> str_extract(sentences, "https?://[^[:space:]]*")
```

```
[1] "http://rmecab.jpです"
```

このような場合、少し複雑になりますが、"https?://[a-zA-Z0-9:/?#\\[\\]@!$&'()*+,;=\\-._~%]+"を使ってみてください。

```
> str_extract(sentences, "https?://[a-zA-Z0-9:/?#\\[\\]@!$&'()*+,;=\\-._~%]+")
```

```
[1] "http://rmecab.jp"
```

特殊文字

なお、正規表現ではありませんが、コンピューターでは人間の目には見えない記号が使われていることを覚えておきましょう。つまりスペース、タブ、改行などです。これらをメタ文字ではまとめて"\\s"で表現します。

```
> kawabata <- "トンネルを抜けると      そこは
+雪国だった。"
> kawabata
```

```
[1] "トンネルを抜けると      そこは\n雪国だった。"
```

ここでは「そこは」で改行しています。しかし、この文字列をRのコンソールで改めて表示すると1行にまとめられ、改行の位置には「\n」が挿入されています。これは制御文字と呼ばれます。これを削除するには次のように実行します。

```
> str_replace_all(kawabata, "\\s", "")
```

```
[1] "トンネルを抜けるとそこは雪国だった。"
```

"\\s"は空白文字を指定するメタ文字ですが、スペースだけでなく改行記号も該当します。なお、Windowsの文字コードで作成されたHTMLドキュメントを読み込むと、改行が「\n」ではなく、「\r\n」で表示されることがあります。「\r」はキャリッジリターンと言われる記号で、カーソルを行頭に戻すこと(復帰)を意味します。キャリッジは昔のタイプライターで文字を印字する部品のことで、これを先頭位置に戻すと同時に1行だけ下に送る操作をコンピューターで模しているのです。

(石田)

HTTP

HTTP(Hypertext Transfer Protocol)は、ウェブサイトとブラウザの間、あるいはAPIサーバとクライアントの間の通信によく使われるプロトコルです。ここでいう「プロトコル」とは、通信の規約です。ネットワークを介してさまざまなソフトウェアがデータのやり取りをしていますが、あらかじめ取り決めた規約に双方が従うことではじめて円滑な通信が可能になります。

たとえば、ブラウザでウェブサイトを閲覧する際は、アドレスバーにURLを打ち込むだけでウェブサイトが表示されます。これは、ブラウザがHTTPのルールに従ってウェブサーバと通信をしてくれるおかげです。

普段、自分が見ている画面の裏側でどのような通信が行われているかを意識することはあまりありません。しかし、ウェブスクレイピングやウェブAPIを使う際には、通信を自分で制御する必要がある場面にしばしば遭遇します。そのため、プロトコルについてある程度は理解しておくことが肝要となります。

本節では、HTTPの概要と、HTTPをRから扱う方法として代表的な**httr**パッケージの使用方法について説明します。

HTTPとは

まずはHTTPの概要を説明します。

▶HTTPの歴史

HTTPは、その名前の通り、「ハイパーテキスト」を送信するために考案されたプロトコルです。「ハイパーテキスト」とは、ただの文章よりも高度な、他の文章へのリンクを持つことができる文章を指しています。現在のHTTPは文章にとどまらず画像や映像などのやり取りにも使われるので、「Hypermedia Transfer Protocol」とした方が正確だという声もあります。

HTTPのバージョンはいくつかありますが、現在、最もよく使われているのはバージョン1.1です。通信プロトコルの仕様はIETF(Internet Engineering Task Force)によってRFCと呼ばれる形式で公開されています。HTTP/1.1は、1997年にRFC 2068によって定められ、何度か改訂を経て、現在では2014年に発行されたRFC 7230～7235に最新の内容がまとめられています。原文はIETF HTTP Working Groupのウェブサイト(http://httpwg.org/)などで読むことができます。本書では取り扱いませんが、HTTP/2という次世代プロトコルのRFCなども同ウェブサイトに記載されています。

▶HTTPでのメッセージのやり取り

HTTPには**クライアント**と**サーバ**という役割があります。クライアントは**HTTPリクエスト**をサーバに送ります。サーバはそのリクエストを処理し、**HTTPレスポンス**をクライアントに返します。これがHTTPでのメッセージのやり取りの基本的な流れです。

HTTPのメッセージは基本的にテキストでやり取りされます。実は、簡単なHTTPリクエストであれば特別なパッケージを使わなくても送信することができます。Rを使って生のHTTPリクエスト・レスポンスを扱ってみましょう(これはHTTPの説明のためのものなので、この例で出てくる関数を覚える必要はありません)。

送信するHTTPリクエストは次の通りです。これをexample.comに送ってみましょう。

```
> req <- c(
+   "GET /index.html HTTP/1.1",
+   "Host: example.com",
+   ""
+ )
```

HTTPリクエストの構造については後ほど詳しく説明しますが、GETは**メソッド**と呼ばれ、リクエストがどのような操作なのかを示しています。`/index.html`は**パス**と呼ばれ、リクエストの対象を示しています。`HTTP/1.1`はプロトコルの名前とバージョンを指定しています。

`Host: example.com`は**ヘッダ**と呼ばれ、リクエストのメタデータを記述します。ヘッダはフィールド名と値のペアを「:」でつなぎます。この「Host」ヘッダはHTTP/1.1では必須のヘッダで、リクエスト対象のサーバを指定します。

ヘッダの後に1行空行を挟んで**リクエストボディ**がきます。ただ、このHTTPリクエストにはボディがないので、空行があるのみになっています。

では、このリクエストを送信してみましょう。`socketConnection()`という関数は指定した対象とのコネクションを作成します。`writeLines()`で先ほどのリクエスト文字列をコネクションに書き込むことで、対象サーバにHTTPリクエストが送られます。

```
> con <- socketConnection("example.com", port = 80)
> writeLines(req, con)
```

コネクションからHTTPレスポンスを読み取るには`readLines()`を使います。レスポンスを受け取ったら`close()`でコネクションを閉じておきましょう。

```
> res <- readLines(con)
> close(con)
```

さて、レスポンスの中身を見てみましょう。

```
> cat(res, sep = "\n")
```

```
HTTP/1.1 200 OK
Accept-Ranges: bytes
Cache-Control: max-age=604800
(略)
x-ec-custom-error: 1
Content-Length: 1270

<!doctype html>
<html>
(略)
```

1行目の**HTTP/1.1**はプロトコルバージョンです。それに続く200という数字は**ステータスコード**と呼ばれ、HTTPリクエストを処理した結果を表しています。その次のOKはステータスコードの意味を表しています。

2行目以降にはヘッダが続き、さらに空行を1行挟んでボディが続きます。

このHTTPリクエストとHTTPレスポンスの各要素を詳しく見ていきましょう。

HTTPリクエスト

HTTPリクエストには、次の情報が含まれています。

▶URL

URL(Uniform Resource Locator)は、ネットワーク上の場所を示す住所のようなものです。RFC上ではURI(Uniform Resource Identifier)という用語が使われていますが、本書では便宜上、URLとし、主要な要素のみ説明します。URLは大まかには次のようなフォーマットになっています。

```
(スキーマ名)://(ホスト名)(パス)
```

「スキーマ名」は、対象にアクセスするための手段です。具体的には、「http」や「https」が入ります。「http」はHTTPプロトコルを、「https」は暗号化されたHTTPプロトコルを示しています。「ホスト名」は、対象のサーバを指定します。具体的には、「example.com」のようなドメイン名、あるいは「127.0.0.1」のようなIPアドレスが入ります。「パス」は、対象のサーバ上の場所です。「/」で区切ることで階層構造を表現し、「/path/to/file」のような形式で記述します。

これに加えて、「**クエリ文字列**」が付くこともあります。「パス」の後ろに「?」を挟んで指定します。

```
(スキーマ名)://(ホスト名)(パス)?(クエリ文字列)
```

「クエリ文字列」は、「パス」のように階層構造で表すことができない情報です。決まった形式はありませんが、「(キー名)=(値)」のような形式で指定されることが多いです。複数指定する場合は「&」でつなぎます。たとえば、「a=1」と「b=2」を同時に指定したい場合は「a=1&b=2」のようになります。

さて、URLとは「http://example.com/index.html」のようなものですが、先述のHTTPリクエストの例の中にこうした文字列がそのまま登場することはありませんでした。なぜでしょうか。実は、このURLに相当する情報は、1行目のリクエストの対象と「Host」ヘッダに分けて送られていたのです。次のHTTPリクエストを見れば、「HTTP」(スキーマ名)、「example.com」(ホスト名)、「/index.html」(パス)、というURLと同じ情報が含まれていることがわかります。

```
GET /index.html HTTP/1.1
Host: example.com
```

多くの場合、URLをどうHTTPリクエストに翻訳するかをユーザが悩む必要はありません。ブラウザにURLを打ち込んだときと同じく、Rの関数にURLを引数として渡せば自動的にHTTPリクエストを組み立ててくれます。たとえば、httrパッケージのGET()であれば、次のようにURLを指定すれば自動で上のようなHTTPリクエストを送ってくれるのです。

```
> library(httr)
> GET("http://example.com/index.html")
```

逆に、URLをひとまとまりの文字列としてではなく要素に分けて指定することもできます。

```
> GET(url = "", scheme = "http", hostname = "example.com", path = "/index.html")
```

特に、クエリ文字列は複雑になりがちなため、query引数に分けて指定すると可読性が高くなるのでお勧めです。次の2つは同じHTTPリクエストを送信しますが、後者の方が見やすいのではないでしょうか。

```
> GET("http://example.com/index.html?name=apple&attr2=gorilla&attr3=rapper&lang=日本語")

> GET("http://example.com/index.html",
+     query = list(attr1 = "apple", attr2 = "gorilla", attr3 = "rapper", lang = "日本語"))
```

ちなみに、「日本語」という文字列がURLに含まれていますが、本来、URLに使うことできるのは英数字と一部の記号のみです。それ以外の文字は**パーセントエンコーディング**と呼ばれるエスケープ方式に変換する必要があります。この変換を自分でやる場合にはURLencode()を使います。Windowsの場合はいったんUTF-8の文字列に変換してからパーセントエンコードする必要があり、enc2utf8()を使います。

```
> URLencode(enc2utf8("日本語"))
```

```
[1] "%E6%97%A5%E6%9C%AC%E8%AA%9E"
```

しかし、httrパッケージを使っている限りは、パーセントエンコーディングを意識する必要はありません。GET()のような関数が自動で変換してくれるからです。クエリ文字列の例のように、日本語もそのままURLに指定すれば大丈夫です。RCurlパッケージなどを使う際にはあらかじめパーセントエンコーディングをした文字列を渡す必要があります。

▶ メソッド

メソッドは、リクエストの対象に対してどのような操作を行うか示すものです。

たとえば、「GET」は対象のデータを取得することを意味するメソッドです。これまでの例でも「GET」メソッドを使いました。ブラウザからウェブサイトを閲覧するときにも使われている、最もお世話になっているであろうメソッドです。

「POST」は、対象に対してデータを追加することを意味するメソッドです。ブラウザからフォームを送信するときにもこのメソッドが使われています。

他にも、対象の情報を上書きする「PUT」や、一部を更新する「PATCH」、対象を削除する「DELETE」などがあります。これらはブラウザからの利用では使われることはほぼありません。メソッドの一覧は、IANA（Internet Assigned Numbers Authority）が管理するHTTP Method Registry（http://www.iana.org/assignments/http-methods/http-methods.xhtml）というページで見ることができます。

ただし、メソッドの意味はあくまで概念的なものです。同じ「POST」でも、検索結果が表示されることもあれば、ピザの注文が行われることもあるでしょう。実際にどのような処理が行われるかはサーバ側の実装に任せられています。こうした自由度を利用して、同じ対象についての操作をメソッドの違いで表現するというスタイルがウェブAPIではよく採用されます。**REST**（REpresentational State Transfer）と呼ばれるものです。

たとえば、あるサービスの登録ユーザを操作するAPIとしてよくある形式は次のようなものです。

メソッド	パス	意味
GET	/users	ユーザの一覧を取得する
GET	/users/13	IDが13のユーザの情報を取得する
POST	/users	新しいユーザを作成する
PUT	/users/13	IDが13のユーザの情報を更新する
PATCH	/users/13	IDが13のユーザの情報を一部更新する
DELETE	/users/13	IDが13のユーザを削除する

このように、同じ「/users」という対象に対する操作を、メソッドの違いによってシンプルに表現することができます。RESTのスタイルに慣れた利用者であれば、はじめて使うサービスでも「DELETEだから削除するんだろう」などとメソッドからAPIの意味を推測して直観的に使うことができます。こうした利便性から、多くのウェブサービスがRESTのスタイルに沿ったAPIを用意しています。

Rでも任意のメソッドを指定してリクエストを送ることができます。**httr**パッケージでは、メソッド名と同じ`GET()`、`POST()`、`PUT()`、`PATCH()`、`DELETE()`という関数が提供されています。

```
> # GETメソッドでリクエストを送信する
> GET("http://example.com/users")
```

```
> # POSTメソッドでリクエストを送信する
> POST("http://example.com/users")
```

これら以外のメソッドを使う場合やメソッドを条件によって使い分けたい場合は、VERB()という関数を使います。この関数は第1引数にメソッド名を指定します。

```
> # 前掲の例と同じくGETメソッドのリクエストを送信する
> VERB("GET", "http://example.com/users")

> # 特別な関数が用意されていないUPDATEメソッドのリクエストを送信する
> VERB("UPDATE", "http://example.com/users")
```

▶ ヘッダ

ヘッダは、任意のフィールド名と値からなるペアです。フィールド名は大文字小文字を区別しません。使われ方はさまざまですが、ここでは、スクレイピングやウェブAPIにおいてよく使われるContent-Typeヘッダについて説明します(Hostヘッダについてはすでに説明したので省略します。認証に使われるAuthorizationヘッダ、セッションを管理するCookieヘッダについては後述します)。

Content-Typeヘッダはリクエストボディのデータの種類や文字コードを示すのに使われます。このヘッダにはMIME(Multipurpose Internet Mail Extensions)と呼ばれる形式で値を指定します。MIMEは「(タイプ)/(サブタイプ)」という形式をとり、これに続けて文字コードを指定する場合は「(タイプ)/(サブタイプ); charset=(文字コード)」となります。「charset」以外の拡張パラメータもありますが、今回は説明から除外します。よく使われるタイプには次のようなものがあります。

タイプ/サブタイプ	データ形式
text/plain	テキスト
application/json	JSON
application/xml	XML
text/csv	CSV
image/png	PNG

httrパッケージでは、add_headers()を使うと、ヘッダをつけることができます。ここで、Content-Typeを指定する場合には-が含まれているので、バックチック(``)で囲む必要がある点に注意しましょう。たとえば、リクエストボディがUTF-8のテキストであることを示すには、次のように指定します。

```
> POST("http://example.com", add_headers(`Content-Type` = "text/plain; charset=UTF-8"),
+       body = enc2utf8("テスト"))
```

Content-Typeヘッダはよく使われるので、content_type()が用意されており、引数にMIMEを文字列で指定します。JSONやXMLの場合は、さらにcontent_type_json()やcontent_type_xml()という特別なショートカットが用意されています。

▶リクエストボディ

リクエストボディには任意の文字列やバイナリデータを入れることができます。データがそのまま入ることもあれば、圧縮されたり分割されたりすることもあります。その仕組みはやや複雑なので、仕様についてはここではあまり立ち入らず、httrパッケージでリクエストボディを扱う方法を中心に説明します。

httrパッケージでは、bodyという引数にリクエストボディを指定します。

次の例では、testという文字列がリクエストボディとして送信されます。なお、この例のHTTPリクエストの送信先httpbin（http://httpbin.org/）は、どのようなHTTPリクエストが送信されているのか確認するのに便利なサイトです。紙面の関係上、返ってくるレスポンスはここでは示しませんが、興味がある方は手元で試してみてください。

```
> POST("http://httpbin.org/post", body = "test")
```

上記のリクエストにはContent-Typeヘッダがついていませんが、正しくは「text/plain」というMIMEによってプレーンテキストであることを明示すべきかもしれません。前述したcontent_type()を使うことができます。

```
> POST("http://httpbin.org/post", body = "test", content_type("text/plain"))
```

単純な文字列以外のデータも送ることができます。bodyにリストを指定すれば、ウェブサイトのフォームの場合と同じ形式のデータを送ることができます。次の例では、keywordというフィールドに"test"という値を入れてフォームの送信ボタンを押したときと同じリクエストが送信されます。

```
> POST("http://httpbin.org/post", body = list(keyword = "test"))
```

また、ファイルを送信することもできます。upload_file()に送信したいファイルのパスを指定すると、適切にHTTPリクエストを組み立ててくれます。

```
> POST("http://httpbin.org/post", body = upload_file("/path/to/file"))
```

フォームに添付ファイルを指定したときと同じリクエストを送りたい場合にもupload_file()を使います。

```
> POST("http://httpbin.org/post", body = list(attachment = upload_file("/path/to/file")))
```

ウェブAPIを使う際には、JSON形式でHTTPリクエスト送ることがよくあります。こうした需要から、httrパッケージにはリストをJSON形式に変換して送る仕組みがあります。encode引数に"json"を指定すると、bodyに指定したリストをJSON文字列に変換してくれます。また、Content-Typeヘッダも自動で設定してくれます。

```
> POST("http://httpbin.org/post", body = list(keyword = "test"), encode = "json")
```

上記のHTTPリクエストは、次のようにbodyにJSON文字列を指定してContent-Typeヘッダに**application/json**を指定したものと同じになります。

```
> POST("http://httpbin.org/post", body = '{"keyword": "test"}', content_type_json())
```

RのリストとJSONとの違いで一点注意が必要なのは、Rにはベクトルしかありませんが、JSONにはスカラ(単一の値)と配列がある点です。上記の例では**list(keyword = "test")**は問答無用で**{"keyword": "test"}**に変換されていますが、実は**"test"**は長さ1の配列(つまり、正しくは**{"keyword": ["test"]}**)であるという可能性もあります。こうした場合、**I()**でラップすることで配列として扱わせることができます。

```
> POST("http://httpbin.org/post", body = list(keyword = I("test")), encode = "json")
```

body引数は、**POST()**以外にも、**PATCH()**や**PUT()**などでも利用可能です。ただし、**GET()**には**body**引数がありません。**GET**メソッドのHTTPリクエストにボディを指定することを要求される場合には、**VERB()**を使うようにしてください。**VERB()**では**body**引数を指定することができます。

```
> VERB("GET", "http://httpbin.org/get", body = "test")
```

HTTPレスポンスの構造

HTTPレスポンスはHTTPリクエストとほぼ同じ構造で、ヘッダとリクエストボディを持ちます。異なるのはステータスコードを持つ点です。

▶ステータスコード

ステータスコードは、HTTPリクエストの結果を示す3桁の数字です。最上位の数字は、成功か失敗かといった大まかな分類を示します。残りの2つの数字は更に細かな意味を伝えるのに使われます。

ステータスコード	分類
1XX	情報
2XX	成功
3XX	リダイレクト
4XX	クライアントが原因のエラー
5XX	サーバが原因のエラー

2XXは成功を示すステータスコードです。中でも、200は「OK」という意味のステータスコードで、最もよく使われます。ウェブAPIであれば「Created」を意味する201や「Accepted」を意味する202が使われることもあります。

4XXはクライアント側に原因があるエラーです。存在しないURLにアクセスしようとした場合や、HTTPリクエストのパラメータ名やデータ形式が間違っていた場合、認証情報が足りていない場合などにこのステータスコードのレスポンスが返ってきます。

5XXはサーバ側に原因があるエラーです。予期せぬエラーやサービス障害などでリクエストがうまく処理できなかった場合にこのステータスコードのレスポンスが返ってきます。

ステータスコードはよく使われるものだけでも覚えきれないほどの数がありますが、スクレイピングやウェブAPIを使うにあたっては、ステータスコードが2XX（成功）か、4XXまたは5XX（エラー）か、ということに着目すればおおむね事足ります。

1XXは、リクエストの処理の進行状況やコネクションの状態を示すために使われるステータスコードです。3XXは、リクエストが完了するまでにクライアントが追加のアクションを取る必要があることを示すステータスコードです。Rからウェブサービスとやり取りをする際には、このあたりのステータスコードを意識する機会はあまりないでしょう。

httrパッケージでは、`GET()`などのHTTPリクエストを送信する関数は、HTTPレスポンスをRの`response`というクラスのオブジェクトに変換して返します。

```
> res <- GET("http://example.com")
> is(res)
```

```
[1] "response"
```

`response`オブジェクトにはさまざまな情報が含まれています。`status_code()`はその中からステータスコードを取り出す関数です。

```
> status_code(res)
```

```
[1] 200
```

多くの場合、ステータスコードが400以上かどうかチェックすればリクエストが成功か失敗かを判定することができます。具体的には、次のような`if`文を書くことになるでしょう。

```
> # 常にステータスコード500を返すURL
> res <- GET("http://httpbin.org/status/500")
> if (400 <= status_code(res)) {
+   stop("リクエストが失敗しています！")
+ }
```

```
Error in eval(expr, envir, enclos): リクエストが失敗しています！
```

httrパッケージには、この判定を自動で行う関数もあります。`message_for_status()`と`warn_for_status()`は結果が成功でなければメッセージや警告を出し（処理は継続）、`stop_for_status()`は結果が成功でなければエラーを出します（処理はそこで停止）。

```
> message_for_status(res)
```

```
Internal Server Error (HTTP 500).
```

```
> warn_for_status(res)
```

```
Warning: Internal Server Error (HTTP 500).
```

```
> stop_for_status(res)
```

```
Error in eval(expr, envir, enclos): Internal Server Error (HTTP 500).
```

ただし、ステータスコードの意味はあくまで概念的なもので、どのように使われるかはウェブサービスの実装に委ねられています。ステータスコードが200でもリクエストが失敗していることがあるので注意しましょう。たとえば、第5章で紹介するe-Stat APIにうっかり認証情報をつけずにリクエストを送ってしまった場合、リクエストは成功しませんが、ステータスコードは200になります。レスポンスのボディ(後述)にエラーであることが示されています。

```
> res <- GET("http://api.e-stat.go.jp/rest/2.1/app/json/getDataCatalog")
> # ステータスは200 OK
> status_code(res)
```

```
[1] 200
```

```
> # contentは`response`オブジェクトからボディを取り出す関数
> content(res)$GET_DATA_CATALOG$RESULT$ERROR_MSG
```

```
[1] "認証に失敗しました。アプリケーションIDを確認して下さい。"
```

このように、細かなステータスコードの意味はウェブサービスによっても違います。特に、ウェブAPIでは特定のステータスコードを特別な意味で使っている場合があります。必ずドキュメントを読むようにしましょう。

▶ ヘッダ

HTTPレスポンスのヘッダは、HTTPリクエストと同じく任意のフィールド名と値のペアです。HTTPリクエストと共通に使われるヘッダも多数あります。httrパッケージでは、HTTPレスポンスのヘッダは`response`オブジェクトの`headers`という要素に格納されていて、`headers()`で取り出すことができます。

```
> res <- GET("http://httpbin.org/get")
> names(headers(res))
```

```
[1] "server"                           "date"
[3] "content-type"                     "content-length"
[5] "connection"                       "access-control-allow-origin"
[7] "access-control-allow-credentials"
```

前述のように、ヘッダのフィールド名は大文字小文字を区別しません。responseオブジェクトには小文字で格納されていますが、これは通常のリストとは異なる特殊なクラスとなっていて、取り出すときには大文字と小文字のどちらで指定しても要素を取り出すことができます。

```
> headers(res)$`content-type`
```

```
[1] "application/json"
```

```
> headers(res)$`Content-Type`
```

```
[1] "application/json"
```

▶ レスポンスボディ

レスポンスボディも、リクエストボディと同じく任意の文字列やバイナリデータが入ります。

httrパッケージでは、content()を使うと、responseオブジェクトからレスポンスボディを取り出すことができます。

```
> res <- GET("http://httpbin.org/robots.txt")
> content(res)
```

```
[1] "User-agent: *\nDisallow: /deny\n"
```

content()は、ボディをパース(読み取り)してリストやデータフレームに変換する関数です。パースに使う関数は、レスポンスのContent-Typeヘッダから判断して適切なものを選びます。たとえば、Content-Typeが「application/json」の場合には、jsonliteパッケージのfromJSON()を使って結果をリストに変換します。

```
> res <- GET("http://httpbin.org/user-agent")
> headers(res)$`content-type`
```

```
[1] "application/json"
```

```
> content(res)
```

```
$`user-agent`
[1] "libcurl/7.47.0 r-curl/1.0 httr/1.2.1"
```

パースに使われる主な関数は次ページの表の通りです。

Content-Type	変換に使われる関数
text/html	xml2パッケージのread_html()
text/xml	xml2パッケージのread_xml()
text/csv	readrパッケージのread_csv()
text/tab-separated-values	readrパッケージのread_tsv()
application/json	jsonliteパッケージのfromJSON()
image/jpeg	jpegパッケージのreadJPEG()
image/png	pngパッケージのreadPNG()

ところで、fromJSON()には変換の仕方を制御するオプションをいくつか指定できます。たとえば、simplifyVectorという引数を指定することで、JSONの配列をリストに変換するかベクトルに変換するかを選択することができます。content()から呼び出される場合、simplifyVectorにはFALSEが指定されています。

```
> library(jsonlite)
> fromJSON('[1,2,3]', simplifyVector = FALSE)
```

```
[[1]]
[1] 1

[[2]]
[1] 2

[[3]]
[1] 3
```

```
> fromJSON('[1,2,3]', simplifyVector = TRUE)
```

```
[1] 1 2 3
```

こうしたオプションを指定して変換を細かくコントロールしたい場合には、レスポンスボディをいったん文字列として取り出してからパースする関数に渡すようにしましょう。content()のas引数に"text"を指定するとボディを文字列として、"raw"を指定するとバイナリとして取り出すことができます。

```
> body_raw <- content(res, as = "text")
> body_raw
```

```
[1] "{\n  \"user-agent\": \"libcurl/7.47.0 r-curl/1.0 httr/1.2.1\"\n}\n"
```

```
> fromJSON(body_raw, simplifyVector = TRUE)
```

```
$`user-agent`
[1] "libcurl/7.47.0 r-curl/1.0 httr/1.2.1"
```

別の方法として、content()に追加の引数を渡すという手もあります。as引数やtype引数はcontent()で使われますが、それ以外の引数を指定すると、パースに使われる関数の引数として扱われます。

たとえば、次のようにすれば、content()の内部で使われるfromJSON()にsimplifyVector引数が渡されます。

```
> content(res, simplifyVector = TRUE)
```

しかし、content()内部では、他にもいくつかの引数がパースに使われる関数に渡されています。上記の例ではsimplifyVectorはTRUEになりましたが、他の引数が意図したものになっているかはわかりません。内部でどのような引数が渡されているかを追うのは難しいので、オプションを指定する場合は、文字列やバイナリとして取り出してから自分でパースするのがお勧めです。

httrパッケージの説明はビネットが充実しているので、そちらもぜひ参考にしてください。英語が苦手な方には有志による翻訳（http://qiita.com/nakamichi/items/14f9952445089927c38e）もあるので、ぜひ一度、目を通されることをお勧めします。

（湯谷）

認証

HTTPプロトコルの説明に関連して、認証のプロトコルについても少し触れておきます。ウェブAPIやウェブスクレイピングを行う際、何らかの認証が求められるケースがよくあります。実際の認証方式は各ウェブサービスの実装によるところが大きいですが、その大枠となっているプロトコルとよくあるパターンを紹介します。httrパッケージで認証をうまく扱う方法も併せて説明します。

認証情報の指定方法

認証情報を指定する場所は、概ね次の3つに分類できます。

1 ヘッダ
2 クエリ文字列
3 リクエストボディ

それぞれへの指定の仕方はこれまで見てきた通りです。クエリ文字列に指定するには`query`引数を、ヘッダには`add_headers()`を、リクエストボディには`body`引数を使います。

HTTPプロトコルでは、認証情報を指定する際に汎用的に使えるヘッダとして**Authorizationヘッダ**というものを定義しています。このヘッダは、次のフォーマットに従います。

```
Authorization: (認証スキーム) (トークン)
```

よく使われる認証スキームには次のようなものがあります。

認証方式	認証スキーム名
Basic認証	Basic
digest認証	Digest
OAuth 1.0	OAuth
OAuth 2.0	Bearer

Basic認証/Digest認証

Basic認証や**Digest認証**は、ユーザ名とパスワードを一定の形式に変換してAuthorizationヘッダに指定する方法です。

たとえば、Basic認証は、ユーザ名とパスワードを`:`でつなぎ、Base64という形式に変換します。Base64への変換はopensslパッケージの`base64_encode()`などを使うことができます。ユーザ名が「user」、パスワードが「passwd」の場合は次のような文字列です。

```
> library(openssl)
> base64_encode("user:passwd")
```

```
[1] "dXNlcjpwYXNzd2Q="
```

つまり、具体的には次のようなヘッダを指定することになります。

```
Authorization: Basic dXNlcjpwYXNzd2Q=
```

httrパッケージでは、こうしたタイプの認証のためにauthenticate()という関数が用意されています。この引数にユーザ名とパスワードを指定してそれをGET()などに引き渡すと、上記のAuthorizationヘッダを自動でつけてくれます。デフォルトはBasic認証になっていますが、type引数を指定すればDigest認証などの認証にも使うことができます。

```
> # デフォルトはBasic認証
> GET("http://httpbin.org/basic-auth/user/passwd",
+     authenticate("user", "passwd"))

> # 他の認証方式はtype引数を指定する
> GET("http://httpbin.org/digest-auth/1/user/passwd",
+     authenticate("user", "passwd", type = "digest"))
```


OAuth認証

ウェブサービスの認証に使われるパスワードは通常、1つだけです。デスクトップPCからのアクセスとスマホからのアクセスで別々のパスワードを使う、というようなケースは稀でしょう。

これは、ユーザ本人がウェブブラウザなどで直接ウェブサービスにアクセスする場合は気になりませんが、サードパーティのアプリケーションを介してアクセスするような場合には問題となります。パスワードを渡してしまうと、そのアプリケーションはユーザ本人と同じ権限をもってしまいます。自分のパスワードを他人に渡すというのはそういうことです。そのサードパーティが悪意をもって権限を濫用するようなケースや、悪意はなくてもパスワードを漏洩させてしまうようなケースを考えると、怖くてサードパーティのアプリケーションを使うことができません。

OAuthは、こうした問題を解決しようと考案された認証方式です。OAuthでは、アプリケーションごとにアクセストークンを発行し、それぞれに必要な範囲の権限を設定します。ユーザ本人のパスワードは教えることなく、与える権限も必要なだけに限ることができるので、セキュリティを担保しながらサードパーティ製のアプリケーションを使うことができます。

RからウェブAPIを使う際にもしばしばOAuthによる認証が用いられます。混乱しやすいのですが、RからウェブAPIを使う目的のときには「アプリケーション」いう言葉で想像するような具体的なものは存在しません。仮想的なアプリケーションを登録して、その情報を認証に使います。また、「サードパーティ」も存在しません。ユーザ本人が登録したアプリケーションにユーザ本人が認可を与える、という自作自演をすることになります(Rのパッケージを使う場合は、自分で登録しなくてもあらかじめパッケージ製作者が登録したアプリケーションを使える場合もあります)。

▶ OAuthのフロー

OAuthには1.0と2.0がありますが、ここでは現在主流であるOAuth 2.0について説明します。

まず、登場人物を整理します。OAuthのフローには、次の役割を持った主体が関わっています。「リソース」という言葉は抽象的ですが、ここでは「ウェブAPIを使うこと」くらいの意味で考えてください。

名前	役割
resource owner(リソースオーナー)	保護されたリソースの所有者。具体的には、ユーザ本人を指すことが多い
resource server(リソースサーバ)	リソースをホスティングするサーバ
client(クライアント)	OAuth認証を用いてリソースにアクセスするアプリケーション。具体的には、サードパーティのウェブサービスなど
authorization server(認可サーバ)	アクセストークンを発行するサーバ

クライアントがOAuth認証を用いてリソースにアクセスするまでには、大まかに次の4つのステップがあります。

1 クライアントをあらかじめ認可サーバに登録しておく。
2 クライアントがリソースオーナーに認可を得る。
3 クライアントが認可サーバからアクセストークンを受け取る。
4 クライアントがアクセストークンを使ってリソースサーバにアクセスする。

まず、クライアントはあらかじめ認可サーバに登録されている必要があります。登録によってクライアントは、**クライアントID**(ユーザ名のようなもの)と**クライアントシークレット**(パスワードのようなもの)を持ちます。また、後述の認可コードグラントタイプの認証の場合はリダイレクトURLも登録します。これらの登録情報と認証フローの中で実際に送られてくる情報とが一致するか確認することで、クライアントが詐称されるのを防ぐことができます。

クライアントがアクセストークンを取得するまでの認証のフロー(2と3)には4つのタイプがあります。ここでは代表的なものとして、httrパッケージでも使われている「認可コードグラント(Authorization Code Grant)」というタイプの認証を説明します。

また、アクセストークンの使い方(4)にもいくつかタイプがありますが、代表的なものとしてヘッダに指定する方法を説明します。

▶ 認可コードグラントタイプの認証

認可コードグラントタイプは、user-agent(具体的にはウェブブラウザ)を用いて各主体のやり取りを仲介する方式です。ウェブブラウザを使うことができる環境では最も一般的です。この認証方式は、次の図のフローに従います(OAuth 2.0の仕様について定めたRFC 6749に記載されている図から筆者が作成したものです)。

●RFC 6749の「Authorization Code Flow」の図

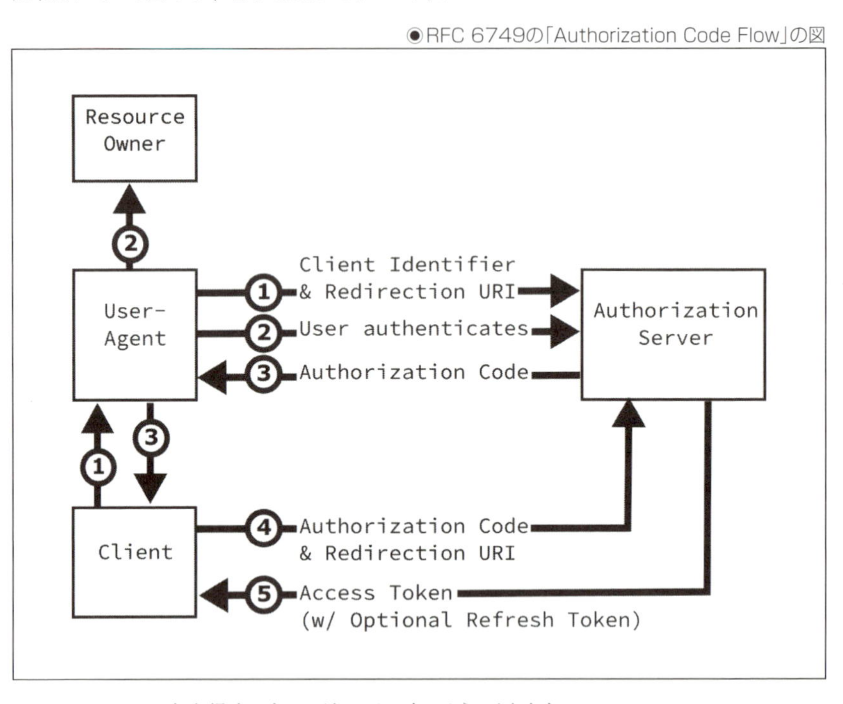

アクセストークンを取得するまでの流れは、次のようになります。

1 まず、クライアントは、クライアントIDとリダイレクトURL、要求する権限の範囲(スコープ)をウェブブラウザを経由して認可サーバに送ります。

2 認可サーバは、クライアントに権限を与えてもよいかウェブブラウザを経由してリソースオーナーに確認します。

3 権限を与えてもいい場合は、ウェブブラウザをクライアントにリダイレクトさせます。このリダイレクト先は、Aでクライアントから渡されたリダイレクトURLに「認可コード」と呼ばれる文字列を付加したものです。

4 クライアントは、クライアントID、クライアントシークレット、認可コードとリダイレクトURLを認可サーバに送信し、アクセストークンを要求します。

5 認可サーバは、クライアントIDとクライアントシークレットとリダイレクトURIがあらかじめ登録されている情報と一致しているか、認可コードとが3で使われたものと一致しているかを検証し、確認が取れればアクセストークンを発行します。

▶ アクセストークンの使い方

アクセストークンを使ってウェブサービスを使用するには、**Authorization**ヘッダを付加してリクエストを送信します。OAuth 2.0の場合は**Bearer**という認証方式とアクセストークンの文字列を並べて書きます。

```
Authorization: Bearer ad180jjd733klru7
```

ちなみに、OAuth 1.0の場合は少し複雑です。次のようになります（見やすくするために改行を入れています）。httrパッケージを使っていればこのヘッダを自分で組み立てることはないので、詳しい説明は割愛します。

```
Authorization: OAuth realm="Example",
   oauth_consumer_key="0685bd9184jfhq22",
   oauth_token="ad180jjd733klru7",
   oauth_signature_method="HMAC-SHA1",
   oauth_signature="wOJIO9A2W5mFwDgiDvZbTSMK%2FPY%3D",
   oauth_timestamp="137131200",
   oauth_nonce="4572616e48616d6d65724c61686176",
   oauth_version="1.0"
```

なお、ウェブサービスによっては完全にOAuthをサポートしておらず、アクセストークンの指定の仕方が異なる場合もあります。たとえば、Wunderlistというウェブサービスでは、アクセストークンを取得するまでの流れは同じですが、アクセストークンを使ったアクセスを行う際に求められるヘッダは次の形式です。

```
X-Access-Token: OAUTH-TOKEN
X-Client-ID: CLIENT-ID
```

ひとくちにOAuthと言っても、このように独自の認証方式を求められることもあるので注意が必要です。

▶ httrパッケージでのOAuth認証

httrパッケージには、OAuth 2.0のアクセストークンを取得する**oauth2.0_token()**、OAuth 1.0のトークンを取得する**oauth1.0_token()**が用意されています。これらの関数が返すTokenオブジェクトを**GET()**などに引数として指定することでOAuth認証でリクエストを送信できます。

ここでは例としてGitHub APIのOAuthアクセストークンを取得する場合を取り上げます。GitHub APIはOAuth 2.0ですが、OAuth 1.0の場合もほぼ同じ流れです。また、OAuthを使う実例は第3章以降でいくつも紹介されるので、流れだけを示します。

oauth2.0_token()と**oauth1.0_token()**に必須で指定しないといけない引数は**endpoint**と**app**の2つです。それぞれ専用の関数で作ったオブジェクトを指定します。

```
> library(httr)
> oauth2.0_token(endpoint, app)
```

endpointに指定するオブジェクトは、oauth_endpoint()で作成します。authorizeに認可コードを得るためのリクエストを受け付けているURLを、accessにアクセストークンを得るためのリクエストを受け付けているURLを、それぞれ指定します(OAuth1.0の場合はこれらに加えてrequestという引数があります)。

```
> github_endpoint <- oauth_endpoint(
+   authorize = "https://github.com/login/oauth/authorize",
+   access = "https://github.com/login/oauth/access_token"
+ )
```

appに指定するオブジェクトは、oauth_app()で作成します。appnameは、httrパッケージがアクセストークンの情報をキャッシュする際の識別子として使われるものです。OAuthのプロトコルとは関係がないので適当な文字列を指定してください。keyにはクライアントIDを、secretにはクライアントシークレットを指定します。

```
> github_app <- oauth_app(
+   appname = "my_dummy_application",
+   key = "abcdefgh",
+   secret = "12345678"
+ )
```

これらを指定してoauth2.0_token()/oauth1.0_token()を実行すると、Tokenオブジェクトを取得できます。TokenオブジェクトをGET()などリクエストを送信する関数のconfig引数に指定すると、自動でAuthorizationヘッダが付加されます。

```
> github_token <- oauth2.0_token(github_endpoint, github_app)
> GET("https://api.github.com/rate_limit", config = config(token = github_token))
```

こうしたhttrパッケージを使ったOAuth認証は、httrパッケージのレポジトリ収録されているデモコード(https://github.com/hadley/httr/tree/master/demo)がとても参考になります。本節では紹介できなかったOAuth 1.0の実例もあるので、ぜひ一度目を通してみてください。

Cookieによるセッション管理

HTTPは状態を持たない(ステートレスな)プロトコルです。そのHTTPにおいて状態を管理するために用いられるのがCookieです。ウェブサーバはSet-Cookieというヘッダでユーザに対して値を送ります。ユーザはその値をローカルに保存しておき、必要に応じてリクエストの際にCookieヘッダに指定します。ウェブサーバは、Cookieヘッダに入っている情報からユーザを識別したり、セッションを管理することができます。HTTPプロトコル自体は状態を持ちませんが、Cookieを介して状態をやりとりすることができるのです。

ウェブスクレイピングをする際は、Cookieを使う必要があることもあります。しかし、rvestパッケージを使っていればCookieのやり取りも自動でやってくれるので意識する機会はあまりないでしょう。

独自の認証形式

独自の認証形式を用いるウェブサービスも多く存在します。たとえば、第5章で紹介しているe-Stat APIでは**appId**というキーに認証情報を指定してクエリ文字列としてリクエストを送信します。

```
> GET("https://...", query = list(appId = "abcdefghijklmn"))
```

これは特に一般的な認証プロトコルに定められているわけではなく、e-Stat APIが独自に求めているものです。このような独自の認証形式は、結局、そのウェブサービスのドキュメントを読まなければ使い方がわかりません。推測で使うのではなく、そのウェブサービスがどのような認証形式を用いるかを必ずドキュメントを参照して確認するよう心がけてください。また、認証方式が複雑で自分でコードを書くのが難しそうであれば、そのウェブサービスに対応したパッケージがないか探してみるのも手です。パッケージの探し方については第3章で触れます。

（湯谷）

ウェブスクレイピング・API入門

本章ではウェブスクレイピングの基本的な技術を解説します。最初にWikipediaから表を取り出したり、掲載情報から地図を作成する方法を紹介します。

続いて、各種SNSが提供するウェブAPIを利用する方法を解説します。

Wikipediaからのデータ抽出

Wikipedia(https://en.wikipedia.org)あるいはウィキペディア(https://ja.wikipedia.org/)は誰もが編集に参加できるオンライン百科事典です。Wikipediaに掲載された記事の信頼性や公平さについては議論もありますが、豊富な情報を提供してくれるサイトであることは間違いありません。ここでは、Wikipediaを題材にウェブスクレイピングを行ってみましょう。また、スクレイピングして得たデータをもとに、Rの得意分野でもある可視化を実行してみたいと思います。

四国八十八箇所の位置情報の取得と可視化

最初の題材として四国八十八箇所に関する情報をWikipediaから取得してみます。四国八十八箇所そのものについての説明は行いませんが、"Shikoku Pilgrimage"(https://en.wikipedia.org/wiki/Shikoku_Pilgrimage)というページに88カ所の寺院に関する情報がまとめられています。ここから寺院地名と緯度経度を取得して、それぞれの位置を地図に表示させてみましょう。

HTMLページの情報を取得するには、第2章で扱ったrvestパッケージを利用します。また、データ処理のために必要なパッケージをロードしておきます。

```
> # パッケージの読み込み
> library(rvest)
> library(dplyr)
> library(magrittr)
> library(stringr)
```

rvestパッケージを使ったウェブスクレイピングの第一歩は、`read_html()`を使ってHTMLドキュメントを取得することでした。この結果をここではオブジェクト`x`として保存し、Rで操作していきます。

```
> x <- read_html("https://en.wikipedia.org/wiki/Shikoku_Pilgrimage")
```

▶テーブル要素の取得

HTMLドキュメントをR上に読み込んだら、必要とする要素の抽出を行います。前節で紹介したように要素はXPathないしCSSセレクタで指定を行います。もとのページのHTMLソースを確認すると、四国八十八箇所の一覧は、表としてまとめられています。

HTMLページの表からデータを取得するには、rvestパッケージに用意されている`html_table()`を使うのが簡単です。

```
> tab <- x %>% html_table(header = TRUE)
> class(tab)
```

```
[1] "list"
```

```
> NROW(tab)
```

```
[1] 4
```

引数に指定したheader = TRUEは表のヘッダ(いわゆる表題)を含めて抽出することを意味します。また、出力のtabはリストオブジェクトです。要素数をNROW()で確認することで、このドキュメントには表に該当する情報が4つあることがわかります。四国八十八箇所の情報はこのうち2つ目の要素です。リストから要素を取り出すには、magrittrパッケージのextract2()を使うのが便利です。

これにより四国八十八箇所の表がRのデータフレームとして抽出されますので、これをpilgrという名前で保存します。

```
> pilgr <- tab %>% extract2(2)
```

それでは取得したデータを確認してみましょう。dplyrパッケージのglimpse()を利用すると、データの各変数の中身とそのデータ型を確認することができます。このような処理を実行するのは、データが正確に取得できているかを確認するためです。

```
> pilgr %>% glimpse()
```

```
Observations: 88
Variables: 6
$ No.                 <int> 1, 2, 3, 4, 5, 6, 7, 8, 9, 10, 11, 12, 13,...
$ Temple              <chr> "Ryōzen-ji (霊山寺)", "Gokuraku-ji (極楽寺)", "K...
$ Honzon (main image) <chr> "Shaka Nyorai", "Amida Nyorai", "Shaka Nyo...
$ Location            <chr> "Naruto, Tokushima", "Naruto, Tokushima", ...
$ Coordinates         <chr> "34° 09′ 35″ N 134° 30′ 09″ E / 34.159803° N 13...
$ Image               <lgl> NA, NA, NA, NA, NA, NA, NA, NA, NA, NA, NA...
```

▶位置情報データの加工

抽出されたデータフレームのCoordinate変数には位置情報が含まれていますが、緯度と経度が、スペースや記号を挟んで文字列として記録されています。

```
> pilgr$Coordinates[1]
```

```
[1] "34° 09′ 35″ N 134° 30′ 09″ E / 34.159803° N 134.502592° E / 34.159803; 134.502592
(Ryōzen-ji (Shikoku Pilgrimage #1))"
```

この位置情報をもとに地図を作成するには、まずスペースや特殊記号を削除し、さらに緯度と経度を分ける必要があります。文字列を加工して、必要とする情報を取り出す技術に正規表現があります。そこで正規表現を使ってCoordinate変数を加工し、緯度と経度を表す列に分割して新たにデータフレームに加えてみます。正規表現については76ページを参考にしてください。

次のような手順で処理を続けます。

1 magrittrパッケージのuse_series()で処理対象とする列(変数)を指定する。
2 stringrパッケージのstr_extract_all()を使ってCoordinate列に正規表現を適用する。
3 extract()で緯度と経度を取り出し、それぞれを独立した列に分けてas_data_frame()でデータフレームに変換する。
4 緯度と経度は文字列として取り出されているのでmutate_if()で数値に変換する。
5 それぞれの列名を追加する。

この処理手順をRで次のように実行します。

```
> library(stringr)
> coord <- pilgr %>%
+   use_series(Coordinates) %>%
+   str_extract_all(pattern  = "[1-9][1-9]\\.[0-9]+|[1-9][1-9][1-9]\\.[0-9]+",
+                   simplify = TRUE) %>%
+   extract(, 1:2) %>%
+   as_data_frame() %>%
+   mutate_if(is.character, as.numeric) %>%
+   set_colnames(c("lat", "lon"))
# 作成したデータフレームを確認
head(coord)
```

```
# A tibble: 6 × 2
       lat      lon
     <dbl>    <dbl>
1 34.15980 134.5026
2 34.15556 134.4903
3 34.14744 134.4685
4 34.15131 134.4309
5 34.13722 134.4319
6 34.11806 134.3884
```

最後に作成されたcoordデータフレームの冒頭を表示しています。緯度(lat)と経度(lon)の2つの列を持つデータフレームを作成することができました。

▶ leafletパッケージによる地図作成

準備が整ったので、最後に、leafletパッケージを用いてこのデータを地図上に可視化します。leaflet(http://leafletjs.com)はオープンソースのJavaScriptライブラリの一種あり、leafletパッケージはR用ラッパーライブラリとして、その機能をR上で実行するものです。leafletパッケージで作成された地図はマウスで表示を移動あるいは拡大できる他、地図上のバルーンをクリックすると寺院名が表示されるなど、インタラクティブな操作が可能です。leafletパッケージでは緯度と経度を指定するだけで手軽に地図を作成できます。

次の手順で作成します。

1. 前項で作成した緯度と経度からなるデータフレームをbind_cols()でpilgr表に追加する。
2. leaflet()を使ってデータフレームから地図のベースを作成する。
3. 地図の土台(タイル)をaddTiles()で作成する。
4. 緯度(lat)と経度(lon)、さらに寺院名(Temple)を指定してaddMarkers()で寺院の位置を表示させる。

```
> library(leaflet)
> pilgr %>% bind_cols(coord) %>%
+   leaflet %>%
+   addTiles() %>%
+    addMarkers(lng = ~lon, lat = ~lat, popup = ~Temple)
```

●四国八十八箇所

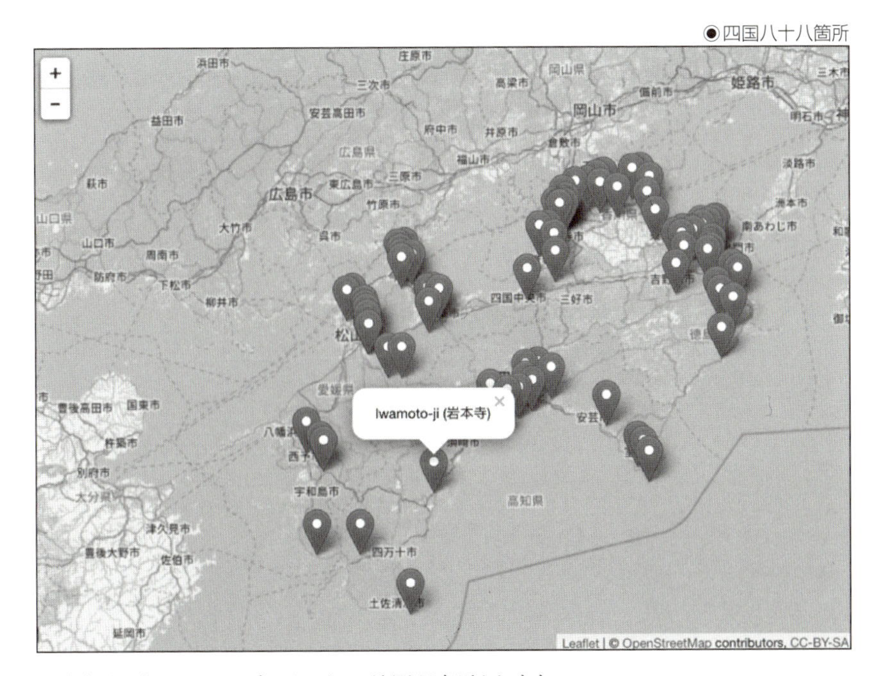

実行するとRStudioの右下ペインに地図が表示されます。

アメリカ合衆国州人口密度の塗り分け図

もう1つ、Wikipediaからのデータ取得の例を見てみましょう。日本版Wikipediaの「アメリカ合衆国の州」(https://ja.wikipedia.org/wiki/アメリカ合衆国の州)のページには、アメリカ合衆国を構成する州に関する情報が整備されています。このページにある情報を取得して、州ごとに人口密度を塗り分けた図を作成してみましょう。

前項の例と同様に「アメリカ合衆国の州」のページにはアメリカ合衆国50州の一覧が表としてまとまっています。この表のデータをRで利用できるようにします。まずは**read_html()**でHTMLドキュメントをR上に読み込み、ページ内のtable要素の抽出を**html_table()**で行います。**html_table()**の**header**引数は先述の通り、table要素で利用されている表題を利用する指定です。

```
> x <- read_html("https://ja.wikipedia.org/wiki/アメリカ合衆国の州")
> tabs <- x %>% html_table(header = TRUE, fill = TRUE)
> NROW(tabs)
```

```
[1] 13
```

NROW()で要素数を数えると、table要素が複数あることがわかりました。この中で必要なデータは1番目のデータです。**extract2()**を実行してデータを抽出します。取得後は、確認のために**glimpse()**を実行するのは先の例と同じです。

```
> states <- tabs %>% extract2(1)
> glimpse(states)
```

```
Observations: 50
Variables: 9
$ 州名        <chr> "Alabamaアラバマ州", "Alaskaアラスカ州", "Arizonaアリゾナ州", "Arkan...
$ 略号        <chr> "AL", "AK", "AZ", "AR", "CA", "CO", "CT", "DE", "FL",...
$ 州旗        <lgl> NA, NA, NA, NA, NA, NA, NA, NA, NA, NA, NA, NA, NA, N...
$ 加盟年月日  <chr> "1819年12月14日", "1959年01月03日", "1912年02月14日", "1836年06月15...
$ 人口        <chr> "4,708,708", "698,473", "6,595,778", "2,889,450", "36...
$ 面積        <chr> "135,765", "1,717,854", "295,254", "137,732", "423,97...
$ 人口密度    <dbl> 34.7, 0.4, 22.3, 21.0, 87.2, 18.6, 245.1, 137.3, 108.9,...
$ 州都        <chr> "Montgomeryモンゴメリー", "Juneauジュノー", "Phoenixフェニックス", "L...
$ 州最大都市  <chr> "Birminghamバーミングハム", "Anchorageアンカレッジ", "Phoenixフェニックス
",...
```

glimpse()の結果を見ると50行9列のデータが取得できています。アメリカ合衆国の州の数は50ですので、正確にデータの取得ができています。一方で元のページでは画像が表示されていた州旗の列はすべて欠損値として処理されています。また、州名の列も英語の表記と日本語の表記が混ざっているようです。

こうしたデータはdplyrパッケージの関数を用いて処理します。まずは可視化には不要な列を削除します。dplyrパッケージではselect()によりこの操作を実行しますが、列名も日本語では扱いにくいので選択と同時に列名を変更します。そしてmutate()により、各列の州名の値から英語と日本語の表記を切り離します。その際、gsub()の中でカタカナ表記に「州」という文字が続くパターンを指定し、該当する文字列は削除します。

```
> # 必要な列だけを選択し、変数名を変更する
> states %<>% select(region = 州名, pop.dens = 人口密度) %>%
+   mutate(region =  gsub("[ア-ン].+州", "", region))
```

次のようなデータセットができました。コードで実行した通り、州名はregionという列に、人口密度はpop.densという列名にそれぞれ変更しています。

```
> head(states)
```

```
      region pop.dens
1    Alabama     34.7
2     Alaska      0.4
3    Arizona     22.3
4   Arkansas     21.0
5 California     87.2
6   Colorado     18.6
```

最後にこのデータをアメリカの地図に反映させます。ggplot2はRで利用される描画パッケージの1つで、多様な種類の図を描くのに利用されます。ggplot2パッケージはアメリカ合衆国の地図を描画するのに必要なデータセットを標準で備えているため、簡単に地図へのプロットが行えます。また、ここではviridisパッケージを併用し地図のカラーに人口密度を反映させています。

```
> library(ggplot2)
> library(viridis)
> map.states <- map_data("state")
> ggplot() +
+   geom_polygon(data = map.states, aes(x = long, y = lat, group = group)) +
+   geom_map(data = states, map = map.states,
+            aes(fill = pop.dens, map_id = tolower(region))) +
+   scale_fill_viridis(alpha = 0.8)
```

◉アメリカ合衆国州人口密度の塗り分け

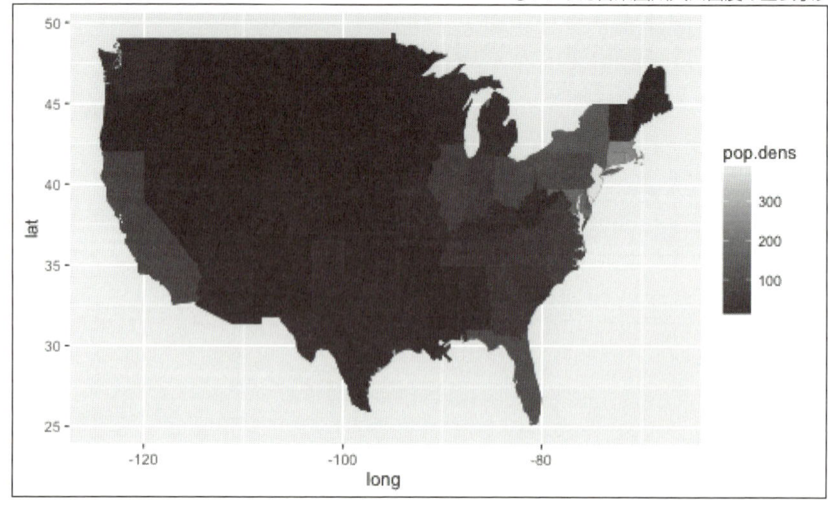

（瓜生）

COLUMN ggplot2パッケージの導入

本書の中で扱われる図の多くは、ggplot2と呼ばれる描画ライブラリを利用したものです。Rが得意とする統計データの可視化に加え、地図などのマッピングもggplot2により描画できます。ggplot2は「作図のための文法（Grammar of Graphics）」に基づき、グラフを描画するためのコードを文法のように記述することで目的の図を完成させていきます。とっかかりに戸惑うかもしれませんが、最初の壁を超えて基礎を覚えてしまえば、簡単に手持ちのデータをさまざまな種類のグラフに応用し、加工することが可能となるでしょう。導入として、ここで基礎的な事項の説明をしてみます。

グラフを描く際の手続きについて考えてみましょう。グラフはデータによって形成されます。データがなければ散布図には何もプロットされず、棒グラフも描くことができません。データが決まったら、次にデータをどう表現するかを考えると思います。ヒストグラムなのか棒グラフなのか、あるいは時系列グラフなのか。それはデータの種類や可視化の目的によって異なります。続いて、グラフを彩るための凡例の指定や細かな調整を行うことになるでしょう。ggplot2でもこのようなグラフ描画の手順をコードによって記述することになるのです。

いま説明したグラフ描画の手続きをggplot2の関数を利用して実行します。まずはグラフを描くための用意とデータの定義です。これは`ggplot()`により行います。`ggplot()`は第1引数に対象のデータを渡します。第2引数にはmappingを定義します。この引数には`aes()`という関数を与えます。aesは審美的（aesthetic）という意味を持っています。グラフ全体で利用される値や塗り分けの色、グループなどはこの関数で指定します。多くの統計グラフはx軸とy軸の2軸で構成されます。そのためaes()の引数であるxとyにはグラフに描画する変数名が利用されます。

```
> library(ggplot2)
> # dataに対象のデータを渡し、aes()を利用してmappingの審美的属性を決める
> p <- ggplot(data = iris,
+         mapping = aes(x = Sepal.Length, y = Petal.Width))
```

ここまではグラフを描くためのデータを定義した状態です。つまり、まだキャンバスは真っ白な状態です。試しにggplot()で作成したオブジェクを出力してみるとよいでしょう。グラフの基礎となる枠や軸名が与えられていますが、データの値は何も表示されていません。ではどうすればデータを表示できるのでしょうか。答えは目的のグラフの種類によって異なります。目的のグラフを描くのに必要な情報はgeom_で始まる幾何学属性を定義する関数で与えます。たとえば、データの値を点で表示するのであれば散布図になりますし、時間的に連続した値であればポイントを結んだ線として表してもよいでしょう。これらはそれぞれ、次の例のようにgeom_point()、geom_line()として用意されています。

```
> # 散布図を描画する
> p + geom_point()
> # 折れ線グラフとしてデータを描画する(ただし、これはよくない例)
> p + geom_line()
```

●ggplot2による作図の一例

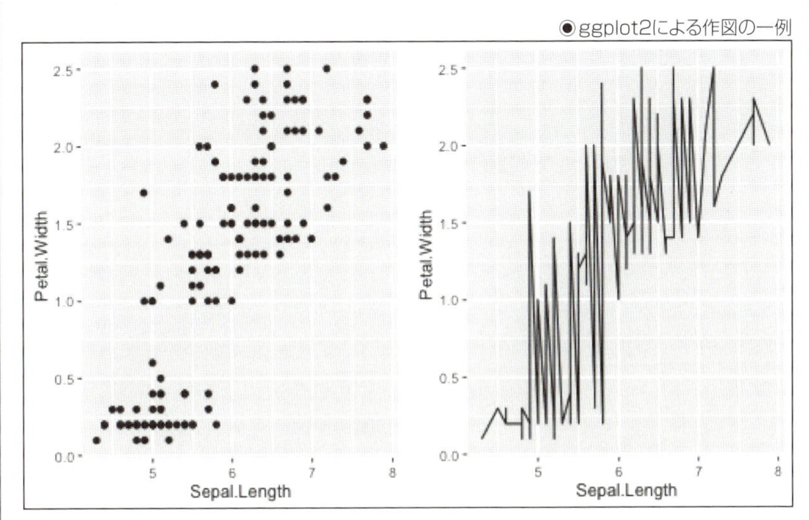

上記の例では、ggplot()とgeom_()を+によって連結させることでデータの値をグラフ上に描画させました。ggplot2ではこのようにして、グラフに必要な情報をレイヤーとして重ねていくことになります。グラフ描画の手続きを思い出してください。まずデータを定義し、次にグラフの種類を決める。データさえ決めてしまえば、利用するgeom_()を変更して異なる種類のグラフを簡単に描画することができるのです。

ggplot2では`xlab()`および`ylab()`を利用し、軸のラベルを任意の文字列に調整できます。また、用意されているテーマを利用して、グラフ全体の見た目を変えられます（下記のコードを実行して日本語のラベルを出力するには、ラベルに利用する日本語フォントの指定が必要となります）。これらの軸の設定やテーマ変更もグラフのレイヤーとして**+**を使って追加していきます。

```
> # 日本語フォントの設定
> quartzFonts(ipa = quartzFont(rep("IPAexGothic", 4)))
> # 軸のラベルを変更し、テーマ設定を行う
> p +
+   geom_point() +
+   xlab("萼片長") + ylab("花弁長") +
+   theme_classic(base_size = 12, base_family = "ipa")
```

●ggplot2でのグラフの加工例

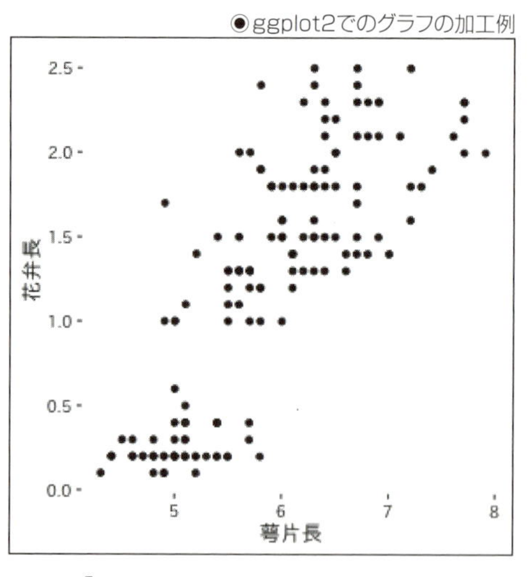

ggplot2については、『グラフィックスのためのRプログラミング』（H.ウィッカム著／石田基広・石田和枝訳、丸善出版）をはじめ、多くの入門書でも説明されているので、詳細はこれらの文献に譲ります。興味を持たれた方は、ぜひggplot2についてウェブ検索などをしてみてください。「ggplot2 （目的の統計グラフの種類）」のように検索すれば、目的の図を描画する方法が見つかるはずです。ggplot2はRユーザの間で人気の高いパッケージであり、メーリングリストもあるほどです（https://groups.google.com/group/ggplot2）。日本ではプログラマの知識共有サイトQiitaの中に「ggplot2逆引き（http://qiita.com/tags/ggplot2逆引き）」のタグがあり、目的の図を描画するためのノウハウが投稿されているかもしれません。

（瓜生）

ウェブAPIサービスを用いたデータ抽出

ウェブAPIとは、第2章で解説したHTTPを通じてデータのやり取りをするインターフェイスのことです。近年、ウェブAPIを通じてデータを提供する企業や公共団体が増えてきました。

ウェブAPIサービスは一般的な流れとして利用登録、認証を経た上で利用できます。

◉ウェブAPI利用までの流れ

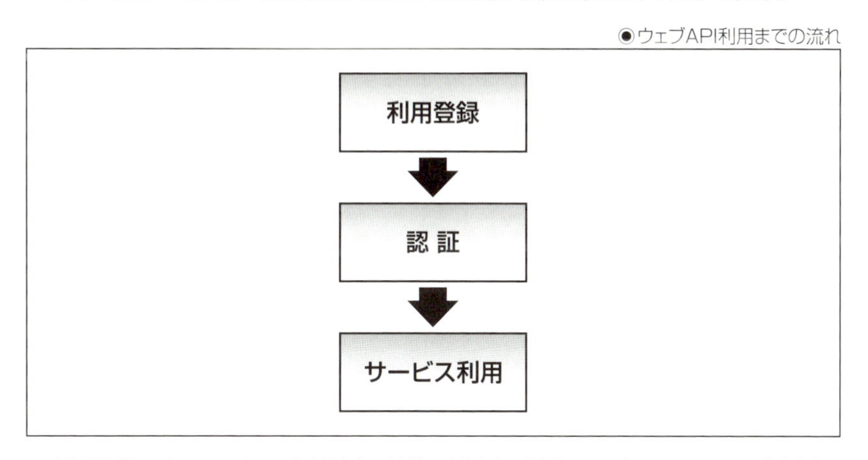

利用登録では、ウェブAPIを利用する目的、利用する場合のアプリケーションの形式など、利用者に関する情報を登録します。

認証では、利用者の認証を行います。ここでは後述するOAuth認証を用いるサービスが増えています。OAuth認証も含めて、認証の詳細は第2章の「認証」(95ページ)を参照してください。

本節では、FacebookとYahoo!JAPANそれぞれが開発者向けに提供しているAPIサービスを例に、ウェブAPIの利用方法について述べます。

Facebook Graph APIの利用

FacebookはGraph APIというユーザ情報に関するウェブAPIを提供しています。ここでは、Facebook Graph APIを利用して、自身のアカウントの友達の数を取得してみましょう。

▶利用登録

Facebook Graph APIの利用登録画面にはhttps://developers.facebook.com/appsからアクセスできます。ここで「新しいアプリを追加」のボタンをクリックしてください。

利用登録に必要な情報を求められます。

- 表示名……ここではR_myPCと入力しました。
- 連絡先……ここに登録したメールアドレスにはFacebookからの通知が届きます。
- カテゴリ……APIの利用目的カテゴリを選びます。自身の目的に合わせて選ぶとよいでしょう。今回は「ユーティリティ」を選択しました。

以上の情報を入力した上で「アプリIDを作成」をクリックすると、bot（ウェブの巡回ソフト）ではないことを証明するための確認画面が表示された後、開発者用の設定画面に移ります。

ここで左のメニューから「ダッシュボード」を選択すると、認証情報が表示された画面に移ります。アプリIDとapp secretをメモしておきましょう。

●Facebook Graph API利用登録画面

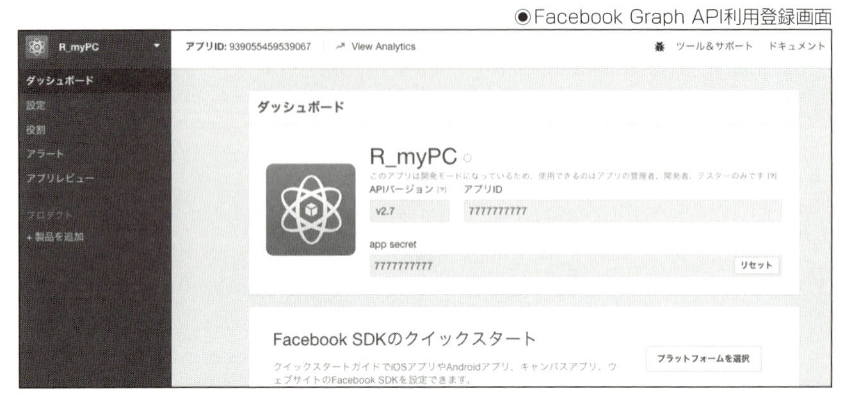

「設定」→「ベーシックの画面」から「プラットフォームを追加」をクリックし、「ウェブサイト」を選択した上でサイトURLに「h ttp://localhost:1410」を追加しておいてください。この「http://localhost:1410」というURLは**httr**パッケージでOAuth認証を進める際に用いられるURLです。

```
> # アプリID
> app_id_facebook <- "あなたのアプリID"
> # app secret
> app_secret_facebook <- "あなたのapp secret"
```

▶認証

Facebook Graph APIを利用する場合、OAuth2.0を用いた認証を求められます。たとえば、Facebook上のあなた自身の投稿内容から社会性を判定するウェブサービスを利用するケースを考えてみましょう。

ここで必要なのはあなたのFacebookの投稿データです。これを当該ウェブサービスが取得する最も簡単な方法はFacebookのID、パスワードをあなたから受け取って代わりにログインしてもらい、ウェブAPIを利用して投稿データを取得するというものになります。

ですが、このサービスが悪意のあるサービスだった場合、あなたから受け取ったID、パスワードを使って投稿データ以外のデータ（友人の名前、あなたが登録している電話番号など）を取得できてしまいます。

したがって、ID、パスワードのような機微な情報は第三者サービスに渡さずに承認を行い、なおかつ第三者サービスが取得できる情報は限定できるというフローが必要になります。

これを達成するのがOAuthです。より詳細については第2章の「認証」（95ページ）を参照してください。

今回は、ウェブ APIを用いてデータ取得を行うわけですが、この「データ取得」も1つのサービスとして考えたとき、Facebookと我々のサービスとの連携と考えることができます。

現在、OAuth1.0と2.0の2つのバージョンがあります。ここからは特に断らない限り、OAuthといった場合はOAuth2.0を指すものとします。

Rを用いてOAuth2.0を用いた認証を行う際は**httr**パッケージを用いると便利です。**httr**パッケージでOAuth2.0の認証を行う際、必要な情報は次の3つです。

▶ OAuthによる認証フローを進める際にアクセスする一連のURL（エンドポイント）

OAuthを利用する場合、認証フローの中で連携するウェブサービス間で認証情報等のやり取りが発生します。OAuthによる認証フローを進める際にアクセスする一連のURLがエンドポイントです。

エンドポイントは`oauth_endpoint()`において指定します。エンドポイントはウェブAPIによって異なりますが、Facebook Graph APIの場合、`authorize`に"https://www.facebook.com/dialog/oauth"、`access`に"https://graph.facebook.com/oauth/access_token"を指定するようになっています。

```
> library(httr)
> facebook <- oauth_endpoint(authorize ="https://www.facebook.com/dialog/oauth",
+                            access="https://graph.facebook.com/oauth/access_token")
```

▶ アプリケーション情報

先ほど取得した認証情報（アプリIDとapp secret）を`oauth_app()`を用いてアプリケーション情報として設定します。アプリケーションの名称は任意です。ここでは"facebook"としました。

```
> myapp <- oauth_app(appname="facebook", key=app_id_facebook, secret=app_secret_facebook)
```

▶ OAuthを通してアクセスを許可する情報

前述で設定した情報を`oauth2.0_token()`に設定し、OAuth認証を実行します。エンドポイントの情報は`endpoint`に、アプリケション情報は`app`にそれぞれ設定します。

`scope`にはOAuthを通して利用者にアクセスを許可する情報をスコープとして指定します。スコープの例としてはpublic_profile（公開されているプロフィール）、user_friends（ユーザの友人情報）などがあります。

その他のスコープの一覧は公式ドキュメントのPermissionsの章（https://developers.facebook.com/docs/facebook-login/permissions）をご確認ください。

取得したい情報に応じて、スコープを指定してください。`type`には"application/x-www-form-urlencoded"を指定しています。ここはウェブAPIが求める形式に応じて指定します。

なお、筆者の経験上、"application/x-www-form-urlencoded"を求めるウェブAPIが多い印象があります。

`cache`は`FALSE`に設定しています。ここを`TRUE`に設定すると、今回の認証情報をキャッシュの形で残して次回の利用時にあらためて利用することができます。

今回は"public_profile"のみを指定します。

```
> scope <- "public_profile"
> token_facebook <- oauth2.0_token(endpoint = facebook,
+                                  app = myapp,
+                                  scope = scope,
+                                  type = "application/x-www-form-urlencoded",
+                                  cache = FALSE)
```

このステップを実行すると、ウェブブラウザが立ち上がり、認証フローが自動的に実行されます。成功すれば「Authentication complete. Please close this page and return to R.」というメッセージが出ます。

このブラウザの画面はもう不要なので閉じてしまい、引き続きRで分析を進めていきます。

一連の流れをまとめると、次のようになります。

```
> library(httr)
> facebook <- oauth_endpoint(authorize ="https://www.facebook.com/dialog/oauth",
+                            access="https://graph.facebook.com/oauth/access_token")
> myapp <- oauth_app(appname="facebook", key=app_id_facebook, secret=app_secret_facebook)
> scope <- "public_profile"
> token_facebook <- oauth2.0_token(endpoint = facebook,
+                                  app = myapp,
+                                  scope = scope,
+                                  type = "application/x-www-form-urlencoded",
+                                  cache = FALSE)
```

▶サービス利用

Facebook Graph APIの利用登録と認証を経て、自身のアカウントの友達の数を取得が可能になります。自身のアカウント情報を得る際のリクエストURLは、https://graph.facebook.com/v2.7/me/friendsとなっています。ここに取得したい情報をパラメータとして加えます。

ここでidと名前を指定します。`?fields=`の後ろにカンマ区切りでパラメータを付加します。パラメータを付加したリクエストURLおよび先ほど取得した認証情報を**httr**パッケージの`GET()`に渡すことで、結果が取得できます。

Facebook Graph APIの場合は、JSONドキュメントで主な結果が返ってきます。

なお、`GET()`で取得した結果にはウェブAPIの結果として返ってくるJSONドキュメントの他にも、取得日時、ステータスコード、コンテンツタイプなどの情報も格納されています。

ここからJSONドキュメントのみを抽出するには`content()`を用います。`as`に`parsed`を指定することで、コンテンツタイプに応じた形で自動的にパースされた結果が得られます。

コンテンツタイプとそれに応じて呼ばれるパース用の関数は次の通りです。こちらについては第2章の「HTTP」(82ページ)も参照してください。

- text/html: read_html
- text/xml: read_xml
- text/csv: read_csv
- text/tab-separated-values: read_tsv

- application/json: fromJSON
- application/x-www-form-urlencoded: parse_query
- image/jpeg: readJPEG
- image/png: readPNG

目的とする情報は**summary**以下の**total_count**に格納されています。

```
> url <- "https://graph.facebook.com/v2.6/me/friends?fields=id,name"
> res <- GET(url, config=token_facebook)
> res_parsed <- content(res, as="parsed")
> res_parsed$summary$total_count
```

```
[1] 176
```

ここまでFacebook Graph APIを利用したデータ取得の流れを説明してきました。

Facebook Graph APIでは友達の数の他にもさまざまな情報を取得できます。詳細についてはFacebookのAPIリファレンス(https://developers.facebook.com/docs/graph-api)を参照してください。

Yahoo!デベロッパーネットワークの「ルビ振り」サービスの利用

さて、もう1つのウェブAPIの利用例として、Yahoo!デベロッパーネットワークで提供されているテキスト解析サービスの1つである「ルビ振り」を取り上げます。

「ルビ振り」は漢字かな交じりの文章を送ると、ひらがなとローマ字のふりがな(ルビ)をつけた結果を返すというサービスです。このサービスは利用にあたってOAuth認証などの手続きを必要としないため、先に取りあげたFacebook Graph APIよりもわかりやすいかもしれません。

それでは具体的な流れを説明していきます。

▶ 利用登録

Yahoo!デベロッパーネットワークの利用登録画面(https://e.developer.yahoo.co.jp/register)を次に示しました。

●Yahoo!デベロッパーネットワーク利用登録画面

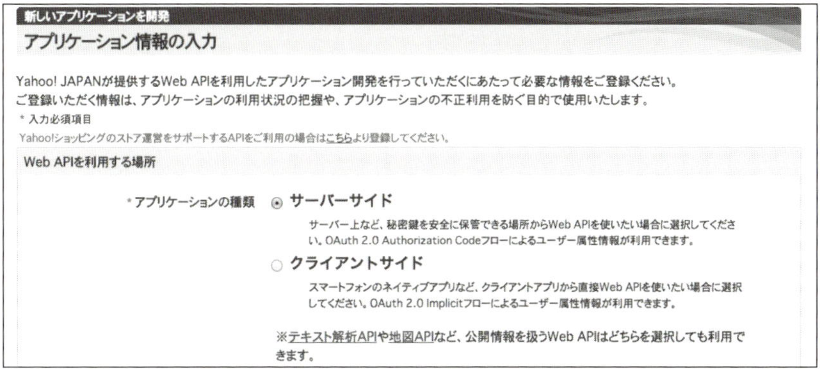

新しいアプリケーションを開発

アプリケーション情報の入力

Yahoo! JAPANが提供するWeb APIを利用したアプリケーション開発を行っていただくにあたって必要な情報をご登録ください。
ご登録いただく情報は、アプリケーションの利用状況の把握や、アプリケーションの不正利用を防ぐ目的で使用いたします。
＊入力必須項目
Yahoo!ショッピングのストア運営をサポートするAPIをご利用の場合はこちらより登録してください。

Web APIを利用する場所

＊アプリケーションの種類　◉ サーバーサイド
サーバー上など、秘密鍵を安全に保管できる場所からWeb APIを使いたい場合に選択してください。OAuth 2.0 Authorization Codeフローによるユーザー属性情報が利用できます。
○ クライアントサイド
スマートフォンのネイティブアプリなど、クライアントアプリから直接Web APIを使いたい場合に選択してください。OAuth 2.0 Implicitフローによるユーザー属性情報が利用できます。
※テキスト解析APIや地図APIなど、公開情報を扱うWeb APIはどちらを選択しても利用できます。

利用登録に際して、次の情報を入力する必要があります。

- Web APIを利用する場所……テキスト解析APIや地図APIなどを扱うウェブAPIはどちらを選択しても利用できます。今回利用するAPIはテキスト解析APIであり、ここではサーバサイドを選択しました。
- アプリケーション名……アプリケーション名は目的別に命名しておくとよいでしょう。ここでは「R_myPC」と記入しました。
- サイトURL……PCからウェブAPIを利用するので、ここでは「http://localhost」を記入しました。

以上の情報の入力が完了すると、認証情報としてアプリケーションIDが発行されます。

◉Yahoo!デベロッパーネットワーク登録結果

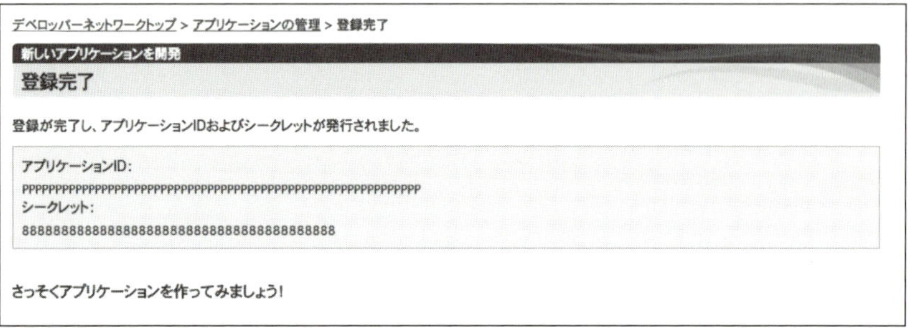

ここで発行された認証情報はこの後のステップで利用するので、次のようにオブジェクトの形で保存しておいてください。

```
> # アプリケーションID:
> app_id_yahoo <- "発行されたアプリケーションID"
> # シークレット：
> app_secret_yahoo <- "発行されたシークレット"
```

▶認証

利用登録が済むと、認証キーなどウェブAPIサービスにアクセスするための情報が与えられます。Facebook Graph APIとは異なり、あらためてOAuthを用いた認証を行う必要はありません。

▶データ取得

先ほど取得した認証情報を用いて、「ルビ振り」サービスを利用してみましょう。

先述したように「ルビ振り」サービスは漢字かな交じりの文章を送ると、ひらがなとローマ字のふりがな（ルビ）をつけた結果を返すというサービスです。ここでは、「猫」にルビをふってみましょう。

まず「ルビ振り」のリクエストURLはhttp://jlp.yahooapis.jp/FuriganaService/V1/furiganaとなっているので、このURLに`appid`と`sentence`をパラメータとして付加します。`app_id`には先ほどメモしておいた`app_id_yahoo`を指定しています。

```
> sentence <- "猫"
> url_request <- paste0("http://jlp.yahooapis.jp/FuriganaService/V1/furigana?appid=",
+                       app_id_yahoo, "&sentence=", sentence)
```

それでは「猫」の「ルビ振り」の結果を取得しましょう。

まずは、Facebook Graph APIの場合と同じ方法で取得してみます。httrパッケージの`GET()`の`url`に、パラメータを付加したリクエストURLを指定してリクエストの結果を取得します。

```
> library(httr)
> res <- GET(url_request)
> res
```

```
Response [http://jlp.yahooapis.jp/FuriganaService/V1/furigana?appid=dj0zaiZpPURkREpGWG14cDVqY
yZzPWNvbnN1bWVyc2VjcmV0Jng9MTI-&sentence=猫]
  Date: 2016-11-03 23:58
  Status: 200
  Content-Type: text/xml; charset="UTF-8"
  Size: 445 B
<?xml version="1.0" encoding="UTF-8"?>
<ResultSet xmlns="urn:yahoo:jp:jlp:FuriganaService" xmlns:xsi="http://ww...
  <Result>
    <WordList>
      <Word>
        <Surface>猫</Surface>
        <Furigana>ねこ</Furigana>
        <Roman>neko</Roman>
      </Word>
    </WordList>
...
```

「ルビ振り」サービスのドキュメント(http://developer.yahoo.co.jp/webapi/jlp/furigana/v1/furigana.html)にあるように、目的とするルビ情報はXMLドキュメントで返ってきます。

また、`GET()`で取得した結果には目的とするXMLドキュメントの他にも、取得日時、ステータスコードなど、他の情報も格納されています。

ここからXMLドキュメントのみを抽出するにはFacebook Graph APIのときと同様に、`content()`を用います。

抽出したXMLドキュメントにxml2パッケージ(これはhttrパッケージをロードする際に自動的にロードされます)の`xml_nodes()`を適用し、「ふりがな」のノードをXPathを指定します。ここではXPathで名前空間の指定をしています。XMLにおける名前空間の詳細については第2章の「XML」(63ページ)を参照してください。この結果から`xml_text()`でテキスト情報を取り出します。

```
> library(rvest)
> res_parsed <- content(res, as="parsed")
> res_parsed %>% xml_nodes(xpath="//d1:Furigana") %>% xml_text()
```

```
[1] "ねこ"
```

一連の流れをまとめると、次のようになります。

```
> library(rvest)
> library(httr)
> res <- GET(url_request)
> res_parsed <- content(res, as="parsed")
> res_parsed %>% xml_nodes(xpath="//d1:Furigana") %>% xml_text()
```

```
[1] "ねこ"
```

なお、ここではFacebook Graph APIの例に合わせて、**GET()**を使ってドキュメントを取得しました。

同じ処理は**xml2**パッケージの**read_xml()**にパラメータを付加したリクエストURLを指定することでも実現できます。

```
> library(xml2)
> read_xml(url_request) %>% xml_nodes(xpath="//d1:Furigana") %>% xml_text()
```

```
[1] "ねこ"
```

Yahoo!デベロッパーネットワークには他にも、Yahoo!ショッピングやYahoo!オークションのデータを取得できるAPIが用意されています。一覧(http://developer.yahoo.co.jp/sitemap/)から具体的なサービスを確認してみてください。

ただし、提供されるXMLデータの構造はYahoo!デベロッパーネットワークの各サービスによって異なります。各サービスのドキュメントを確認してください。

本節では、ウェブ APIサービスを用いたデータ抽出について基本的な流れを説明してきました。

Facebook Graph APIのようなよく利用されるウェブAPIサービスについては、多くの場合パッケージ化されています(たとえば、**Rfacebook**パッケージ)。

次節では、そのようなパッケージの利用方法についてご紹介します。

(市川)

Rのパッケージを利用したお手軽データ抽出

これまで見てきたように、RからAPIを使うことは難しくありません。しかし、APIの仕様について自分で調べ、ゼロからRのコードを書くのはそれなりに手間がかかります。認証の方法、指定するパラメータ、APIから返ってくるデータの形式など、APIを使うまでに調べなくてはならないことがたくさんあります。また、APIを使うために必要なことがわかっても、それをRのコードで実現する方法がわからない、ということもあるでしょう。

こうした面倒を省略してお手軽にデータを抽出するために、まずは使おうとしているAPIに特化したRのパッケージがあるか探してみるといいでしょう。有名なAPIであれば、すでに誰かが作ったパッケージが存在していることもよくあります。

パッケージの探し方

Rのパッケージはさまざまなサービスにホスティングされています。ここでは、代表的なものとしてCRANとGitHub上のパッケージの探し方を説明します。また、あるテーマに基づいて関連するパッケージを集めた「Task View」というページについても触れます。

なお、Rのパッケージを開発・配布するウェブサービスとしては、Bioconductor（https://www.bioconductor.org/）やR-Forge（https://r-forge.r-project.org/）も有名ですが、ここでは詳しくは説明しません。

▶ CRANに登録されたパッケージを検索する

CRAN（The Comprehensive R Archive Network; https://cran.r-project.org/）は、R本体やRのパッケージ、ドキュメントを配布するウェブサイトです。CRANが配布するRパッケージは、コアメンバによる審査を通ったものであり、Rから直接、`install.packages("XXXX")`（XXXXはパッケージ名）というコマンドひとつで手軽にインストールできます。このため、多くの人に使ってもらおうというパッケージはCRANに登録されることが多いです。

CRANでは、Rのパッケージ一覧のページが用意されています。

- 登録日順
  URL https://cran.r-project.org/web/packages/available_packages_by_date.html
- アルファベット順
  URL https://cran.r-project.org/web/packages/available_packages_by_name.html

しかし、Rのパッケージ数は今日では膨大な数になっているため、そこから目的のパッケージを探し出すのはひと苦労です。そこで、CRAN上のパッケージを探すときは、検索機能に優れているMETACRAN（http://www.r-pkg.org/）やCrantastic!（http://www.crantastic.org/）といったウェブサイトを利用するのがお勧めです。また、これらのサイトではパッケージの人気度といったパッケージを選ぶときに参考になる情報も充実しています。

▶ Task Viewを見る

Task Viewは、あるテーマに関連するパッケージを集めたドキュメントです。検索ではパッケージがヒットしすぎる場合や、検索すべきキーワードがわからない場合などはTask Viewを眺めてみましょう。有用なパッケージが見つかるかもしれません。

ウェブスクレイピングやAPIに関わるものとしては、Technologies and Services（https://cran.r-project.org/web/views/WebTechnologies.html）があります。インターネット上のさまざまなサービスを使うためのパッケージが集められていて、CRAN上で公開されているものだけでなくGitHub（後述）上にしかないパッケージも含まれています。

OpenData Task View（https://github.com/ropensci/opendata）は、オープンデータに関するパッケージを集めたTask Viewです。CRAN公式のものではありませんが、かなり多くの数のパッケージが登録されているので一見の価値があります。

Gepuro Task Views（http://rpkg.gepuro.net/）は、GitHub上にあるRパッケージの一覧を作成するという野心的なプロジェクトです。

▶ GitHubを検索する

GitHub（https://github.com/）は、Gitバージョン管理システムを利用したソフトウェア開発のためのサービスです。GitHubはRに特化したものではありませんが、オープンソース環境での開発がベースとなっていることも後押ししてか、近年、多くのRのパッケージがGitHub上で開発されるようになってきています。開発だけでなく、第三者によるバグの報告や新機能の実装も盛んに行われています。

Rパッケージ開発者にとって、GitHubは開発ツールというだけではなく、お手軽にRのパッケージを配布できるプラットフォームでもあります。Gitで管理する1つのソースコードのまとまりを「リポジトリ」と呼びますが、リポジトリが所定の形式に従っていれば、そこで開発されているパッケージを関数ひとつでインストールすることが可能です。

GitHubからパッケージをインストールする方法はいくつかありますが、devtoolsパッケージの`install_github()`がよく使われます。次のようにリポジトリを管理しているアカウント名（あるいは組織名）とリポジトリ名を指定するとパッケージがインストールできます。

```
> library(devtools)
> install_github("アカウント名/リポジトリ名")
```

また、githubinstallパッケージを使うと、リポジトリ名だけでもインストールすることができて便利です。下記は、ghというパッケージをインストールしようとしている例です。リポジトリ名の一部を指定すると、GitHub上にあるパッケージのインデックス（Gepuro Task Views）から近い名前のものを見つけ出してインストールしてくれます。

```
> library(githubinstall)
> githubinstall("gh")
```

```
Suggestion:
 - gaborcsardi/gh  Minimalistic GitHub API client in R
Do you want to install the package (Y/n)?
```

GitHub上のリポジトリは、https://github.com/searchから検索できます。しかし、ただキーワードを指定するだけだと検索結果が多くなりすぎます。

GitHubの検索には絞り込みに使えるさまざまな機能があるのでそれを活用しましょう。たとえば、「language:R」という条件を追加するとRのパッケージのレポジトリのみに絞り込むことができます。

```
language:R キーワード
```

検索機能について詳しくは、https://help.github.com/articles/searching-github/をご参照ください。

パッケージを使う

パッケージを使うことでウェブAPIなどの利用がお手軽になることの例として、RからTwitter REST APIを利用するためのパッケージである**twitteR**を取り上げてみます(注:twitteRパッケージは2016年8月に開発の停止を宣言し、後継として**rtweet**パッケージの利用が推奨されています。しかし、本書執筆時点では**rtweet**パッケージはまだ開発途上であるため、ここではあえて**twitteR**パッケージを取り上げています)。

Twitter REST APIの特徴は、90を超える種類の豊富なAPIがあることと、詳細な情報を取得できることです。使いこなすことができれば便利ですが、軽く使ってみたいだけの人間にとっては情報量がやや過剰で、ドキュメントを読むだけでもなかなか大変です。**twitteR**パッケージを使うとこうした手間をある程度省くことができます。

▶ Twitter APIトークンの発行

twitteRパッケージを使うには、APIトークンの取得が必要です。Twitterアカウントを持っていなければ、サインアップページ(https://twitter.com/signup)からアカウント登録を済ませましょう。

TwitterのAPIトークンはOAuth認証を使って発行されるため、まずはアプリケーションの登録が必要です。アプリケーション管理ページ(https://apps.twitter.com/)からアプリケーションを登録しましょう。「Create New App」のボタンをクリックするとアプリケーションを登録するフォーム画面に遷移します。

●Twitter Application Management

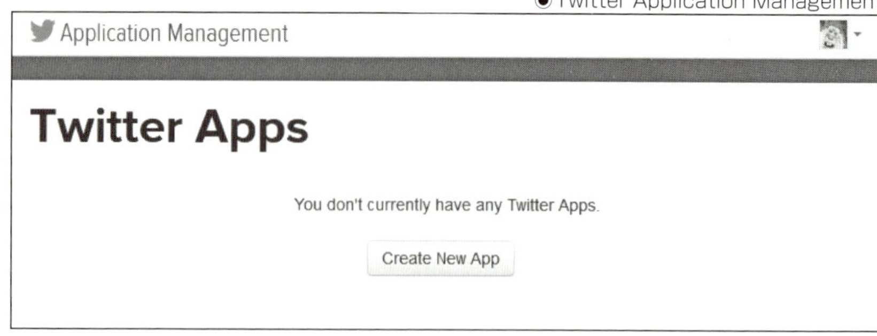

必須項目になっている「Name」と「Description」と「Website」の3つを埋めます(ウェブサイトは、ひとまず適当なURLで大丈夫です)。利用規約を読んでDeveloper Agreementにチェックを入れ、「Create your Twitter application」と書かれたボタンをクリックすると登録が完了します。

●Create New App

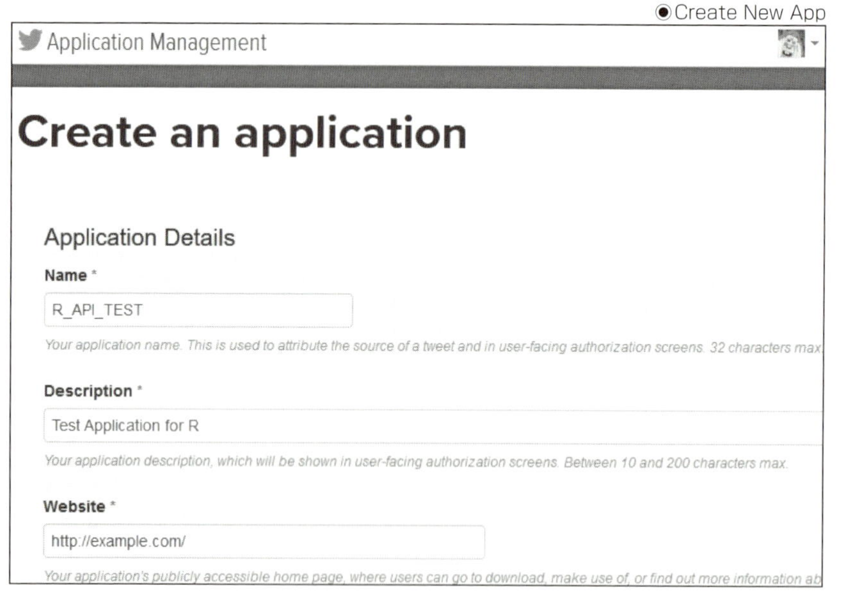

登録が終わると、アプリケーションの詳細画面に遷移します。「Keys and Access Tokens」のタブにTwitter REST APIを使うために必要な情報があります。具体的には、次の2つです。

- Consumer Key (API Key)
- Consumer Secret (API Secret)

●Create New App

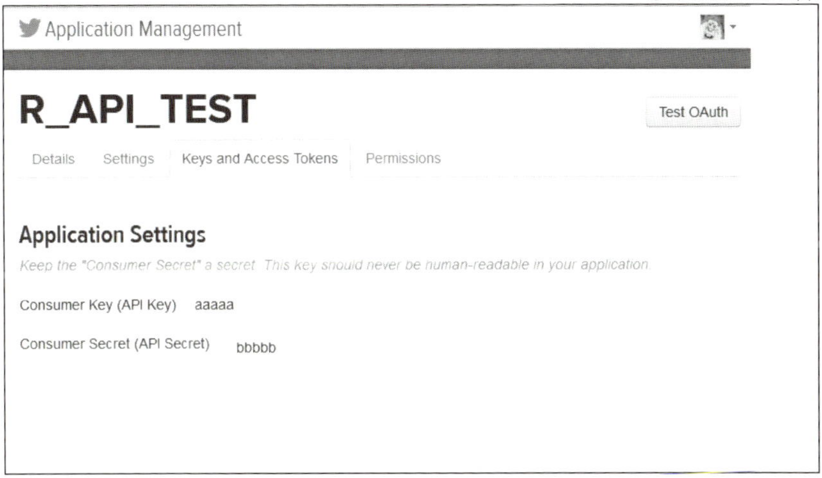

Application Management

R_API_TEST

Test OAuth

Details Settings Keys and Access Tokens Permissions

Application Settings

Keep the "Consumer Secret" a secret. This key should never be human-readable in your application.

Consumer Key (API Key) aaaaa

Consumer Secret (API Secret) bbbbb

▶twitteRを使ったツイートの取得

twitteRパッケージはCRANからインストールできます。次のコマンドでインストールと読み込みを済ませます。

```
> install.packages("twitteR")

> library(twitteR)
```

まず、`setup_twitter_oauth()`でOAuthトークンを手に入れます。このトークンを使うことでREST APIにリクエストを送ることが可能になります。

はじめて`setup_twitter_oauth()`を使う際は、認証情報をファイルとしてローカルにキャッシュするかを聞かれます。Yesと答えると、認証情報は`.httr-oauth`という名前のファイルとして保存されます。

```
> setup_twitter_oauth(consumer_key = "(Consumer Key)",
+                     consumer_secret = "(Consumer Secret)")
```

```
[1] "Using browser based authentication"
Use a local file ('.httr-oauth'), to cache OAuth access credentials between R sessions?

1: Yes
2: No
Selection: 1
...
```

これで準備完了です。さっそくTwitterのAPIからデータを取得してみましょう。

searchTwitter()は、指定したキーワードでツイートを検索する関数です。これを使って、Rに関するツイートを取得します。Twitterでは、Rに関するツイートは「#rstats」というハッシュタグをつけてつぶやかれています(「R」が検索に引っかかりにくいということとRの得意領域である統計学(Statistics)の組み合わせから)。このタグをキーワードに指定します。

```
> searchTwitter('#rstats', n=50)
```

```
[[1]]
[1] "yutannihilation RT @teramonagi: RからAPIを使うときは利用規約を読んでから！ それが俺たちの誓いだったはず！ #rstats"

[[2]]
[1] "teramonagi: RからAPIを使うときは利用規約を読んでから！ それが俺たちの誓いだったはず！ #Rstats"

[[3]]
[1] "u_ribo: RからAPIを使いたい #rstats"
...
```

たったこれだけで、Twitter REST APIを使ったツイートの検索を試してみることができました。また、APIが返してくるのはもっと多数のメタデータを伴ったリストなのですが、twitteRパッケージはその情報を整理して見やすい表示形式にしてくれます。このように、すでに用意されたパッケージがあれば、欲しいデータを関数ひとつで取り出すことも可能です。

パッケージを使うときの注意点

パッケージは便利ですが、次の点に留意して使いましょう。

▶ APIやデータの利用規約を確認する

パッケージを使っても、APIを使うときにはAPIの利用規約に従う必要があります。1日の利用回数が制限されているものや、禁止事項が存在することがあるので注意が必要です。パッケージ側でこうした利用規約を考慮した設計になっている(例：大量リクエストを送らないように制限をかける)こともありますが、基本的には自己責任です。

たとえば、本節で扱ったTwitter REST APIは、15分ごとのリクエスト数に制限を設けています。上限回数はAPIの種類や認証の仕方によっても異なりますが、10回程度しかないものもあります。手元で少し試して問題ないからと何十回もAPIへのリクエストを繰り返すようなスクリプトを書くと、途中からエラーになってしまうでしょう。

こうした利用制限によるエラーもさることながら、有料のAPIであれば、予期せぬ額の利用料が発生するといったリスクもあります。一定回数までは無料だがある一定数を超えると有料になるという課金形態のAPIの場合、気付かず使い続けてしまって請求が来てから青ざめる、という事態にもなりかねません。必ずAPIの利用規約を一読してから使うようにしましょう。

また、データのライセンスについても注意しましょう。たとえオープンデータであっても、二次利用する際には著作者を明示すること、といった条件が設定されていることもあります。データの利用目的がライセンスの範囲内か確認してから使うようにしてください。

▶ Rのコードを確認する

重要なデータ(個人情報、APIキーなど)を扱う場合は、十分な注意が必要です。Rコードに意図しない挙動が含まれていないか、あるいは悪意あるURLにデータが送信されていないか、十分に確認するべきです。

また、インストールしたパッケージの信頼性についても留意すべきです。オープンデータしか扱わないような場合は気軽に使っていいと思いますが、扱うデータが重要なものであればパッケージの中身の処理も調べるようにしましょう。

(湯谷)

ウェブスクレイピング実践

本章ではウェブスクレイピングの高度な利用方法を紹介します。やや複雑なレイアウトの施されたブログから必要とする情報だけを取り出す方法や、JSONデータの解析、さらにはRからSNSにログインする方法について解説しています。

SECTION-020

ブログからの抽出

ウェブスクレイピング実践の最初に取り上げるのは、「ブログ」からのデータ抽出です。ブログは、個人の日記や技術、研究成果の発表、企業の広告などさまざまな内容に溢れており、多くの人が目にするコンテンツとなっています。ブログの定義は難しいですが、個別の記事はブログエントリーと呼ばれ、その中にはタイトルや日付、本文中のテキストや画像ファイルを含んでいます。ここではそのようなブログエントリーを構成する要素の取得をしてみます。対象としてR-bloggers(https://www.r-bloggers.com)を取り上げます。R-bloggersは、Rに関連したブログを世界中から選別し、その内容をまとめて通知する整理型のブログです。

最初にデータ処理に使うパッケージを読み込んでおきましょう。

```
> library(rvest)
> library(magrittr)
```

記事タイトル・URLの取得

まずはR-bloggersのトップページに表示されている記事からそのタイトルおよびリンク先のURLを取得する処理を行います。R-bloggersのトップページを訪れると、いくつかの記事のタイトルがリストアップされていることがわかります。

●R-bloggersトップページ

R-bloggersのトップページURLに対して**read_html()**を実行します。

```
> x <- read_html("https://www.r-bloggers.com")
```

HTMLドキュメントを読み込んだら、目的のタイトルがドキュメント内のどの位置、どのタグに収められているのかを確認しなくてはなりません。今はこのHTMLドキュメントに対してまったくの知識がないため、手探りで探して見ることにしましょう(もちろん第2章の中で取り上げたブラウザ開発機能やツールが利用できますが)。

復習となりますが、HTMLドキュメントの最も外側で使用されるタグは<html>です。そして<body>と続きます。そのため、取得範囲を定める**html_nodes()**でbody要素を指定し、その子要素を取得して、次に対象とする要素を特定するという地道な方法を取ることにします。要素内の子要素は**html_children()**を利用して取得できます。

```
> x %>% html_nodes(css = "body") %>%
+   html_children()
```

```
{xml_nodeset (51)}
[1] <div id="header">\n\t\t     \t     \t<a href="https://www.r-bloggers.com/"
class="headerimage"><img src="https://www.r-bloggers.com/wp-content/uploads/2016/0 ...
[2] <div id="mainwrapper">\n<!-- begin sidebar -->\n     <div id="sidebar">\n\t\t<div class="side-
widget"><h2>Welcome!</h2>\t\t\t<div class="textwidget"><iframe ...
[3] <div id="footer">&#13;\n\t<strong><a href="https://www.r-bloggers.com">R-bloggers</a></strong>
was founded by <a href="http://www.r-statistics.com/about/"> ...
[4] <script type="text/javascript" src="https://www.r-bloggers.com/wp-content/plugins/
syntaxhighlighter/syntaxhighlighter3/scripts/shCore.js?ver=3.0.9b"></script>
...
[19] <script type="text/javascript" src="https://www.r-bloggers.com/wp-content/plugins/
syntaxhighlighter/syntaxhighlighter3/scripts/shBrushJScript.js?ver=3.0.9b ...
[20] <script type="text/javascript" src="https://www.r-bloggers.com/wp-content/plugins/
syntaxhighlighter/third-party-brushes/shBrushLatex.js?ver=20090613"></scr ...
...
```

出力結果の一部を省略していますが、3番目の要素以降、<script>タグの繰り返しとなっています。結果を見ると、どうやらこのページは見出し部分「header」と脚注部分「footer」、そしてメインとなるコンテンツ「mainwrapper」により構成されていることがわかりました。次は**div id="mainwrapper**を**html_nodes()**の対象に取り込み、再度、子要素を取得します。

```
> # CSSセレクタで階層の深い箇所を選択するには > を利用する
> x %>% html_nodes(css = "body > div#mainwrapper") %>%
+   html_children()
```

上記の処理を繰り返し、個別のブログエントリーに該当するCSSセレクタを特定したのが次のコードです。このことを確認するために**html_structure()**を実行し、HTMLドキュメントの構造を表示してみましょう。

```
> x.nodes <- x %>% html_nodes(css = "body > div#mainwrapper > div#leftcontent > div > div")
> x.nodes[3]
```

```
{xml_nodeset (1)}
[1] <div id="post-142796" class="twopost twopost1 post-142796 post type- ...
```

```
> x.nodes[3] %>% html_structure()
```

```
[[1]]
<div#post-142796 .twopost.twopost1.post-142796.post.type-post.status-publish.format-standard.
hentry.category-r-bloggers>
  {text}
  <h2>
    <a [href, title, rel]>
      {text}
  {text}
  <div.meta>
    <div.date>
      {text}
    {text}
    <a [href, title, rel]>
      {text}
  <div.entry>
    <p.excerpt>
      {text}
    <p>
      <a.more-link [href]>
        {text}
  {text}
```


タイトル、メタ情報およびエントリー（本文）から構成される個別のブログ記事であることが確かめられたと思います。記事へのURLはh2要素内のa要素にリンクとして記述されています。CSSセレクタでそれぞれの要素を指定し、**html_text()**と**html_attr()**によりテキストとa要素のhref属性値を得ます。

```
> articles <- x.nodes %>% html_nodes("h2") %>% html_text()
> links <- x.nodes %>% html_nodes("h2 > a") %>% html_attr(name = "href")
```

```
> length(articles)
```

```
[1] 28
```

```
> articles[1:3]
```

```
[1] "rbokeh Version 0.5.0 Released"
[2] "je reviendrai à Montréal [MCM 2017]"
[3] "BelgiumMaps.StatBel: R package with Administrative boundaries of Belgium"
```

```
> links[1]
```

```
[1] "https://www.r-bloggers.com/rbokeh-version-0-5-0-released/"
```

最後に取得したタイトルの数と取得結果の確認を行います。これまでの処理でトップページに含まれる28件のタイトルを取得できました。しかし、実際に数えて見ると、ページ内で表示されている記事の件数は29件のようです。どうやらこれは、個別の記事が並ぶ中で先頭の項目だけが他の記事よりも大きく表示されているためのようです。HTMLドキュメントの構造が異なると、`html_nodes()`の指定で取得される値が異なってくるための結果でした。

次は今得た記事のURLを利用して、特定の記事を対象として、その内容を取得する処理を実行してみましょう。

記事本文の取得

先のコードの実行により、R-bloggersトップページに掲載されている、最新の28件のタイトルとURLを取得できました。次はこの個別の記事にアクセスし、記事の内容を取得するという処理を実行します。まずはタイトルとURLの組み合わせを確認します。

```
> articles[27]
```

```
[1] "Fastest Way to Add New Variables to A Large Data.Frame"
```

```
> links[27]
```

```
[1] "https://www.r-bloggers.com/fastest-way-to-add-new-variables-to-a-large-data-frame/"
```

次の処理は、対象のURLを`read_html()`で読み込み取得対象のノードを指定というトップページに対して実行したものと同様です。しかし、CSSセレクタで利用できるidやclass名がわかっている場合には、次のようにすべてのCSSセレクタを記述する必要はなく、idなどで絞り込むことができます。

```
> x <- read_html(links[27])
> # 以下の実行結果は等しい
> # x %>% html_nodes("body > div#mainwrapper > div#leftcontent > div > div.entry") %>%
+   html_children()
> x %>% html_nodes("div.entry") %>% html_children()
```

```
{xml_nodeset (15)}
 [1] <p class="syndicated-attribution"></p>
 [2] <div class="social4i" style="height:29px;">\n  <div class="social4i ...
 [3] <div style="border: 1px solid; background: none repeat scroll 0 0 # ...
 [4] <pre class="brush: r; title: ; wrap-lines: false; notranslate">\npk ...
 [5] <p>  <a href="http://feeds.wordpress.com/1.0/gocomments/statcompute ...
 [6] <noscript>\n  <img alt="" border="0" src="https://i1.wp.com/pixel.w ...
 [7] <div class="social4i" style="height:29px;">\n<div class="social4in" ...
 [8] <div id="jp-relatedposts" class="jp-relatedposts">\n\t<h3 class="jp ...
 [9] <p class="syndicated-attribution"></p>
[10] <div class="social4i" style="height:82px;">\n  <div class="social4i ...
[11] <div style="border: 1px solid; background: none repeat scroll 0 0 # ...
[12] <hr />
[13] <hr />
[14] <div style="border: 1px solid #EB9349; background: none repeat scro ...
[15] <div class="social4i" style="height:29px;">\n  <div class="social4i ...
```

html_text()で要素に囲まれた文字列の取得を実行します。**html_text()**の**trim**引数は、ドキュメント中の余計な改行や空白を取り除くためのオプションで、ドキュメントの出力を調整するために指定しています。HTMLドキュメントでは、デザインのために必要以上の改行が行われている場合も度々あり、文章を取得対象とする場合にはこのようなオプションが役立ちます。

```
> # substr()により本文の一部だけを出力している
> x %>% html_nodes("div.entry") %>% html_text(trim = TRUE) %>% substr(1, 200)
```

```
[1] "(This article was first published on  S+/R – Yet Another Blog in Statistical Computing,
and kindly contributed to R-bloggers)     \r\n\n\npkgs <- list(\"hflights\", \"doParallel\",
\"foreach\", \"dplyr\", \"rben"
```

（瓜生）

SECTION-021

HTMLドキュメントに格納された JSONデータを抽出する

ウェブサービスにおいてデータが地図などの形でプロットされている場合、その元となるデータがHTMLドキュメントに格納されていることがあります。

今回対象とするサービスはRunmeterというランニング記録サービス(https://abvio.com/runmeter/)です。本サービスでは利用者が走行データを地図上にプロットする形で公開していることがあります。そして、プロットの元となるデータはJSONデータとして格納されています。

本節では公開されているRunmeterの利用者データからJSONの形で格納された移動経度情報を抽出し、日本国内における地理的分布を確認する方法を学びます。

本節の流れは次の通りです。

1. Twitterからスクレイピング対象URLを抽出する。
2. スクレイピング対象URLから緯度経度データを抽出する。
3. 取得した緯度経度データを地図上にプロットする。

それでは順を追って説明していきます。

Twitterからスクレイピング対象URLを抽出する

今回はRunmeterの利用者のうち、Twitterで情報を一般に公開している人を対象にスクレイピングします。該当する利用者はハッシュタグとして#runmeterをつけてつぶやいています。このハッシュタグを対象にTwitterからtweetデータを取得します。

tweetデータの取得には**twitteR**パッケージを利用します。**twitteR**パッケージの利用方法については123ページで説明しているので、そちらを参考にしてください。

さて、**twitteR**パッケージの`searchTwitter()`にハッシュタグ"#runmeter"を指定して、データを取得します。ここでは日本語の3,000個のtweetデータを取得するように指定しました。なお、実際には指定した数よりも少ないtweetデータしか取得できないこともあります。

```
> library(twitteR)
> setup_twitter_oauth(consumer_key="あなたのCONSUMER_KEY",
+                     consumer_secret="あなたのCONSUMER_SECRET")
> res <- searchTwitter("#runmeter", n=3000, locale="ja")
```

取得したtweetデータにはリスト形式でさまざまな情報が含まれていますが、この中から短縮されていないURL情報を抽出します。そして、この中からhttp://runmeter.comで始まるURLを抽出します。

```
> urls <- lapply(res, function(x)x$urls$expanded_url)
> urls <- unlist(urls)[grepl("^http://runmeter.com", unlist(urls))]
```

tweetデータの取得からRunmeterのURLを取得するまでの流れをまとめると、次のようになります。

```
> library(twitteR)
> setup_twitter_oauth(consumer_key="あなたのCONSUMER_KEY",
+                     consumer_secret="あなたのCONSUMER_SECRET")
> res <- searchTwitter("#runmeter", n=3000, locale="ja")
> urls <- lapply(res, function(x)x$urls$expanded_url)
> urls <- unlist(urls)[grepl("^http://runmeter.com", unlist(urls))]
```

スクレイピング対象URLから緯度経度データを抽出する

取得したURLのうち、最初のURLを対象に今回の目的である緯度経度データを取得します。

HTMLドキュメントの取得およびヘッダからのデータ抽出には**rvest**パッケージを利用します。`read_html()`にURLを渡してHTMLドキュメントを取得した後、`html_nodes()`でCSSセレクタを指定して、`html_text()`でヘッダに含まれているscriptタグの文字列情報を抽出します。%>%演算子は第1章の「dplyrパッケージ入門」(30ページ)で解説したとおり、演算子の左辺の実行結果を右辺に受け渡すことができます。

抽出した情報を確認すると、目的とする情報は5つ目の文字列として格納されているようです。

```
> library(dplyr)
> library(rvest)
> js <- read_html(urls[1]) %>% html_nodes(css="head script") %>% html_text()
> js <- js[[5]]
```

抽出した<script>タグの情報にはページのプロット描画に用いられるJavaScriptおよびJSONデータが含まれており、今回、目的とされている緯度経度情報も`jsonData`という形で含まれています。

ここで正規表現を用いてもよいのですが、今回は**V8**パッケージを用いてJSONデータからRのオブジェクトに変換する方法を用いてみます。**V8**パッケージはGoogleが開発したオープンソースのJavaScriptエンジンであるV8をRから使えるようにしたパッケージです。このパッケージを用いることで、文字列をJavaScriptとして評価することができ、JSONデータとしてRのデータオブジェクトに変換できます。

まずは先の文字列に含まれているデータの一覧を確認してみましょう。

V8パッケージを利用する際は、最初に`new_context()`を用いて評価するための環境(評価環境)を作成します。その上で、その評価環境内でJavaScriptとしての文字列を評価します。このとき、`eval()`を用います。

ここで作成した評価環境はRの参照クラス(Reference class)となっているため、メソッドを利用する際に$を用いてアクセスしていることに注意してください。なお、参照クラスはRのクラスシステムの1つです。詳細については`?ReferenceClasses`としてヘルプを参照してください。

```
> library(V8)
> ct <- new_context()
> ct$eval(js)
```

これで新しく評価環境が作成できました。この環境内でJavaScriptとして評価されているオブジェクト一覧はJavaScriptのコードを実行することで確認できます。ここでは、先ほど作成したctオブジェクトのget()を用いて、JavaScriptのコードを実行しています。

jsonDataが含まれているか確認しましょう。

```
> ct$get("Object.keys(this)")
```

```
 [1] "console"           "print"           "global"
 [4] "ArrayBuffer"       "Int8Array"       "Uint8Array"
 [7] "Int16Array"        "Uint16Array"     "Int32Array"
[10] "Uint32Array"       "Float32Array"    "Float64Array"
[13] "DataView"          "json"            "jsonData"
[16] "jsonMap"           "kml"             "scriptPath"
[19] "runStateTableStr"
```

jsonDataが含まれていることを確認できたらget()でjsonDataをRのオブジェクトに変換し、さらにデータフレームに変換します。

```
> jsondata <- ct$get("jsonData")
> jsondata <- as.data.frame(jsondata)
```

この一連の流れを関数化したものが次のコードです。ここでは途中にデータがなかったときの対応としてエラー処理を入れています。

```
> scrapeData <- function(url){
+   js <- read_html(url) %>% html_nodes("head script") %>% html_text()
+   ct <- new_context()
+   ct$eval(js[[5]])
+   if(any(ct$get("Object.keys(this)") %in% "jsonData")){
+     jsondata <- ct$get("jsonData")
+     jsondata <- as.data.frame(jsondata)
+     if(nrow(jsondata)==0){
+       return(NA)
+     }
+     return(jsondata)
+   }else{
+     return(NA)
+   }
+ }
```

先の関数を用いて冒頭でTwitterから取得したすべてのURLに対してスクレイピングを実行します。

スクレイピング対象を区別するためにidを付与しています。また、データフレームの結合にはdplyrパッケージの**bind_rows()**を用いています。なお、スクレイピングは1秒おきに実行していることに注意してください。

```
> data_attr <- NULL
> for(i in seq(length(urls))){
+   data_attr_ <- scrapeData(urls[i])
+   if(!is.data.frame(data_attr_)){
+     next
+   }
+   data_attr_$id <- i
+   data_attr <- bind_rows(data_attr, data_attr_)
+   Sys.sleep(1)
+ }
```

取得した緯度経度データを地図上にプロットする

最後に、このリストから得られる緯度経度情報を地図上にプロットしてみましょう。

次の例では、まず先ほど取得した緯度経度情報から日本国内以外のデータを除いています。その上で、id単位で開始地点(1行目のデータ)を取り出しています。

```
> # 日本国内以外のデータを除く
> data_startpoint <- data_attr %>%
+   filter(latitude>=20.2531, latitude<=45.3326,
+          longitude>=122.5601, longitude<=153.5911) %>%
+   group_by(id) %>% slice(1)
```

データの加工が終われば、取得したデータを地図上にプロットしてみましょう。

地図上へのプロットはleafletパッケージを用います。加工したデータを**leaflet()**で読み込んだ後、**addMarkers()**で緯度経度を指定してマーカーを置いています。ここでも前述した%>%演算子を用いています。

addMarkers()内で緯度経度を指定する際に用いている~は、その直前で指定した**data**の**data_startpoint**における列名という意味を表しています。したがって、それぞれ**data_startpoint$longitude**、**data_startpoint$latitude**と同義であると考えてください。

マーカーを置いた後は最後に**addTiles()**で地図情報を重ねています。

```
> library(leaflet)
> leaflet(data=data_startpoint) %>%
+   addMarkers(~longitude, ~latitude) %>%
+   addTiles()
```

◉Runmeter利用者の地理的分布

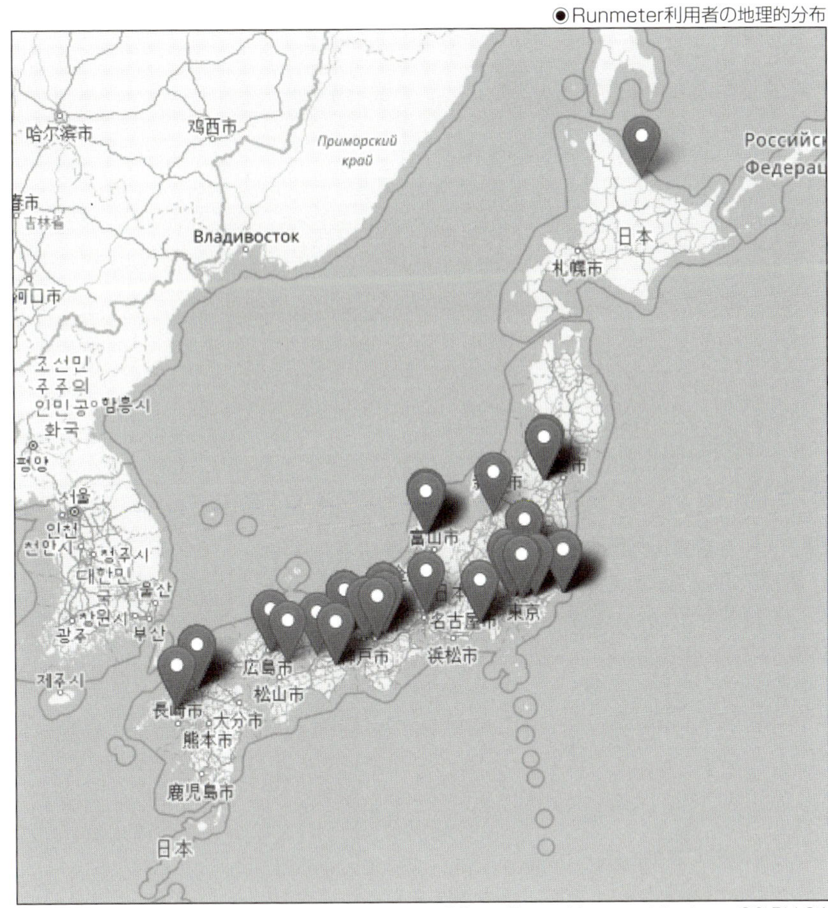

本節では公開されているRunmeterの利用者データから、V8パッケージを用いて、ヘッダに読み込まれたJSON形式の移動経度情報を抽出し、leafletパッケージを用いて、日本国内における地理的分布を確認する方法を学びました。

HTMLドキュメントの文字列は正規表現などを用いてパースするという手もありますが、今回のようにパッケージを用いることで楽にデータを読み取ることもできます。

（市川）

SECTION-022

ログインが必要なページのウェブスクレイピング(rvest編)

TwitterやFacebookなどの代表的なソーシャルネットワークサービス(Social Networking Service: SNS)や会員制のウェブサイトの特徴は、ウェブサイトの登録者と非登録者で閲覧できるページに制限があることです。また、利用者のプロフィールや投稿などはウェブサイトの利用者に見られることがありますが、非公開に設定した内容やアカウント情報などは利用者本人にしか表示されないようなセキュリティ面での工夫がされています。

SNSや会員制の得ウェブサイトでは主にユーザー名とパスワードによるログインを行った状態でのみ、本人だけが知り得る情報を確認・修正が可能となります。そのため、これまでに述べてきたウェブスクレイピングの手法ではデータの取得に失敗してしまいます。ここでは、ログインが必要なウェブサイトへのログインをRで実行し、ユーザー情報の確認をする方法を紹介します。

フォームを介したログイン

Qiita(https://qiita.com)は、主にプログラマのための情報共有サービスの1つです。プログラミングに関した知見や情報を利用者が投稿でき、また、他人の記事をお気に入りとしてストックできます。さらには他人の投稿に編集やコメントを加えることができます。Qiitaでは、ログインすることで、自分自身の投稿やストックした記事の一覧を参照できます。

そこで、ここではQiitaを例にして、利用者本人だけが確認できる「自分の投稿」の情報を取得してみます。

```
> library(rvest)
> library(magrittr)
```

rvestパッケージでログインを実行するには`html_session()`を利用します。`html_session()`ではR上でウェブブラウザの動作を模擬的に生成する`session`オブジェクトを作成します。`session`は、httrパッケージの`cookie()`と`header()`を利用したセッション管理を実行するものです。ヘッダ情報とクッキーを作成することでRからのアクセスをウェブサイトにリクエスト内容を紐づけます。セッションを用いる理由は、ウェブサイト側にリクエストを利用者単位で識別させるためで、ログインが必要なウェブサイトでは標準的に実装されています。

まずは`html_session()`でセッションの起点とするURLを引数に与えて実行します。ここで、セッションの内容を保持しておく必要があるためオブジェクトへ保存することを忘れないようにしましょう。セッションが正常に確立されている場合、`is.session()`の返り値がTRUEとなります。

```
> # html_session()によるsessionオブジェクトの作成
> session <- html_session("https://qiita.com")
> is.session(session)
```

```
[1] TRUE
```

現在のsessionオブジェクトがどのような状態になっているかは、ウェブブラウザを起動し、**html_session()**に与えたURLを開くと確かめることができます。もし、Qiitaにログインした状態であれば一度ログアウトしてください。すると次のようなログインを促すフォームが表示されます。Qiitaへのログインは、ここにあるフォームに対しアカウント名とパスワードを入力することで実行されます。

●Qiitaへのログイン画面

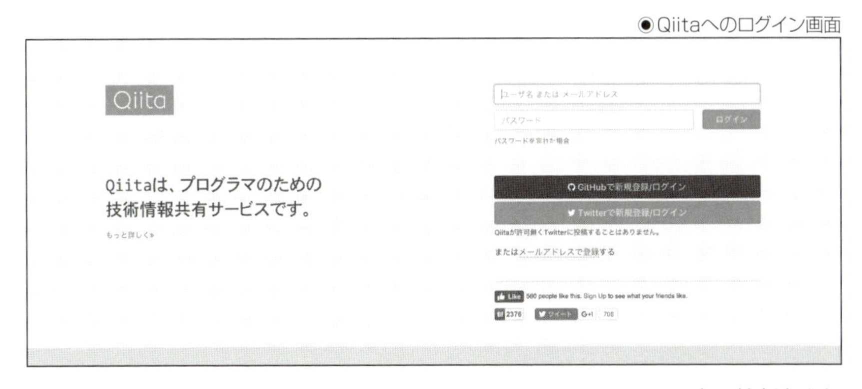

rvestパッケージでは、**html_table()**などと同じく、HTMLフォーム要素の情報を取得するための関数**html_form()**が用意されているので、これを使ってログインフォーム情報を確認してみましょう。

```
> forms <- html_form(session)
```

html_form()を実行すると、いくつかの要素が返されますが、ログインフォームに用いるのは**<form> '<unnamed>' (POST /login)**と記載があるように、第一の要素となります。**magrittr::extract2()**を利用してこのフォームの情報だけを取り出して確認してみましょう。

```
> forms %>% extract2(1)
```

```
<form> '<unnamed>' (POST /login)
  <input hidden> 'utf8': ✓
  <input hidden> 'authenticity_token': BIVWa7AFQM0GQm3V7uP1hWX1k74JTMfVIULaJMFHbZJHQInL3/
gTub9jQWmac2iZT4J52Gg1/VzEbg5eaiybKg==
  <input text> 'identity':
  <input password> 'password':
  <input submit> 'commit': ログイン
```

ここで、form要素の内部にinput要素が複数あることがわかります。このうちtext属性とpassword属性がログインに求められるユーザー名とパスワードの入力箇所に相当します。rvestパッケージでフォームに値を入力するには**set_values()**という関数を用います。また、text属性とpassword属性それぞれのタイプに指定されている「identity」および「password」という名前属性がログインに必要となります。

```
> input.values <- forms %>%
+   extract2(1) %>%
+   # フォームに与える値はユーザー自身で設定したものを利用する
+   set_values(identity = "<ユーザー名>", password = "<パスワード>")
```

上記のコードの実行結果を見てみましょう。**set_values()**で指定した入力値がinput要素の値として与えられているのが確認できます。特にパスワードについては他者に読み取られないようにアスタリスクに置き換えられていることに注意してください。入力した値に間違いがないことを確認したら、いよいよフォームに送ってログインを完了させます。フォームへの送信は、**submit_form()**によって行います。

```
> # html_from()の引数にsessionオブジェクトを与える
> input.values <- forms %>%
+   extract2(1) %>%
+   set_values(identity = "uri", password = my.pass)
```

submit_form()には、**session**、**form**、**submit**引数があります。**form**引数に与える値は、ログイン情報を保存したオブジェクトとなります。ここの**session**に与える値は**html_session()**で作成した**session**オブジェクトです。**submit_form()**の第2引数には最初に作成したログイン情報を保存したオブジェクトを与えます。最後の**submit**引数は、ボタンが複数存在する場合にどのボタンを利用するかを規定するオプションで、今回は利用しないために省略します。

```
> (login.session <- submit_form(session, input.values))
```

```
Submitting with 'commit'
```

```
<session> http://qiita.com/
  Status: 200
  Type:   text/html; charset=utf-8
  Size:   24065
```

アカウント名およびパスワードをフォームに入力し、ログインボタンを押した状態のセッションを**login.session**という名前のオブジェクトとして保存しました。

ログイン後のウェブスクレイピング

無事、ログインに成功しましたので、さっそくユーザ情報をウェブスクレイピングによって取得することを試みます。以降の処理でも継続してlogin.sessionオブジェクトを利用します。

取得したい情報がある箇所をブラウザの開発ツールあるいはrvestパッケージの関数により調べましょう。XPathあるいはCSSセレクタによるノードの指定とHTMLドキュメントからのスクレイピングの方法はこれまで扱ってきたものと同様です。

```
> login.session %>%
+   html_nodes("div.userInfo > div > div") %>%
+   html_text()
```

```
[1] "uri"                          "50投稿1081Contribution"
```

上記のコードの実行により、ユーザー名と投稿数、Contributionと呼ばれるQiita上の指標値が取得できました。このセッションは著者のアカウント(http://qiita.com/uri)に紐づくものですが、Qiitaにアカウントがある方は本節で紹介した方法により同じような値を得ることができます。

セッションを介したページ移動

rvestパッケージではjump_to()やback()、follow_link()などの関数によるページ移動を可能にしています。これらの関数を利用することで、sessionクラスオブジェクトを活用しながらウェブスクレイピングを実行することが可能になります。たとえば、ログイン後にページを移動して、そこの情報を得たいという場合に、この関数が有効です。

jump_to()を利用した例を示します。次のコードでは、jump_to()により指定のURLへ移動したのち、html_nodes()およびhtml_text()で対象とした要素のテキストを取得しています。

```
> login.session %>%
+   jump_to("notifications") %>%
+   html_nodes(xpath = '//*[@id="main"]/div/div/div/ul/li/a/div[2]') %>%
+   html_text() %>%
+   extract(c(1:4))
```

```
[1] "ketachikuがあなたの投稿「Rでベイズ推定を行う環境の構築」をストックしました。2016/11/04 01:28"
[2] "Torotanがあなたの投稿「RMarkdownでの出力結果をア...」をストックしました。2016/11/03 21:42"
[3] "YusukeHosonumaがあなたのストックした投稿「SVNを捨ててGitを使うべき5つの理由」を編集しました。
2016/11/03 19:59"
[4] "ssn339があなたの投稿「これから研究を始める大学学部生や院...」をストックしました。2016/11/01
22:19"
```

login.session$urlで確認できるように、現在のセッションのURLはhttp://qiita.com/ですので、ここからhttp://qiita.com/notificationsに移動します。このページは、ユーザに対する通知内容をまとめたページで、アカウントに関係する話題やストックした投稿の編集情報などが得られます。

jump_to()では引数に移動先のURLを指定しますが、**follow_link()**では、移動するページのURLリンクとなる箇所を現在のページ内から指定されているa要素の位置や文字列から指定します。具体的には**follow_link()**の引数で**i**を利用する際にはページ内のa要素の順番を数値で与えるか文字列でa要素を含んだリンクのテキストを文字列で与えます。**i**の代わりにXPathによる**xpath**引数、CSSセレクタによる**css**引数での指定も可能です。

```
> login.session %>%
+   follow_link(i = "uri") %>%  # 文字列で移動先のa要素を含む箇所を指定する
+   html_nodes(xpath = '//*[@id="main"]/div/div/div[2]/div[1]/div[2]/a[1]/span[1]') %>%
+   html_text()
```

```
Navigating to /uri
```

```
[1] "1081"
```

この値はhttp://qiita.com/uriで表示されているContributionの値を取得したものです。**follow_link()**の引数に与えた値はURLとして機能するのではなく、あくまでもページ内のa要素を含んだ位置あるいは文字列として扱うというのが**follow_link()**と**jump_to()**との違いです。

rvestパッケージのページ移動に関する関数としてさらに、**back()**があります。この関数は**follow_link()**などによるページ移動から、1つ前のページに戻るという機能を持ちます。また、**session_history()**はセッション中のページ移動を記録し、確認するために利用されます。これまでの関数を利用しながら、ページ間の遷移を記録してみましょう。**back()**を繰り返しても、出力されるURLはユニークな値となります。

```
> sessions <- login.session %>%
+   follow_link(i = 5) %>% # http://qiita.com/ で表示される5番目のa要素のhref属性値
+   back() %>% # http://qiita.com/ に戻る
+   jump_to("notifications") %>% # http://qiita.com/notifications へ移動する
+   back() %>% # 戻る
+   follow_link(i = "uri") %>% # リンクテキストが「uri」となっているa要素のリンクに移動する
+   follow_link(xpath = '//*[@id="main"]/div/div/div[2]/div[2]/div/div[1]/
+                        div/div[2]/div[2]/div[2]/a') %>% # 個別の投稿ページへ移動する
+   back() %>%
+   back()
```

```
Navigating to /stock
```

```
Navigating to /uri
```

```
Navigating to /uri/items/83804c9eb4a3cb9c6811
```

```
> session_history(sessions)
```

```
- http://qiita.com/
  http://qiita.com/uri
  http://qiita.com/uri/items/83804c9eb4a3cb9c6811
```

(瓜生)

ログインが必要なページのウェブスクレイピング(RSelenium編)

本節では前節に引き続き、ログインが必要なページのウェブスクレイピングを紹介します。

前節ではログインの際に、rvestパッケージを利用しましたが、本節ではRSeleniumパッケージを用います。

目的とするページはNHKの語学講座の聴取状況を記録したページです。NHKの語学講座はウェブ上でラジオ番組のストリーミングを公開(https://www2.nhk.or.jp/gogaku/index.cgi)しており、ユーザ登録を行うことで、1週間前までの番組を聴くことができます。聴取した番組は記録が残るようになっており、語学勉強の進捗を把握することができます。

本節では自身のラジオ聴取記録を自動的に取得する流れを説明します。

1 ログインに必要な情報を調べる。

2 RSeleniumパッケージを用いてログインをRから実行する。

3 カレンダーから情報を取得する。

それでは各手順について順を追って説明していきます。

ログインに必要な情報を調べる

まずはNHK語学講座のサイトにログインしてみましょう。ログインには、NHKネットクラブの会員登録に加えマイ語学の利用登録が必要です。ログインページは「マイ語学のログインはこちら」から移動できます。

◉NHK語学講座のトップページ

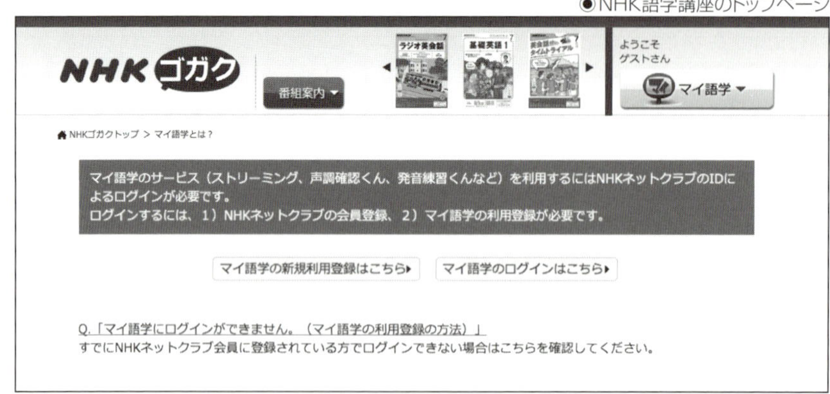

ログインには先の登録で取得したログインIDとパスワードを入力します。

◉ログインページ

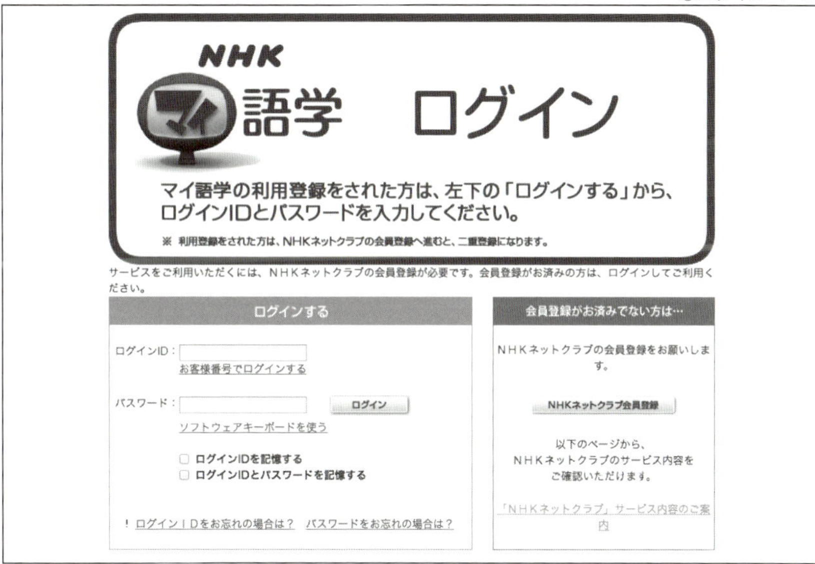

ここでスクレイピングに必要となるログインページのURLをメモしておきましょう。
ログイン後は右上のメニューから出席カレンダーに移動します。

◉ログイン後ページ

出席カレンダーのURLもスクレイピングで利用するのでメモしておきます。
出席カレンダーの出席回数が今回取得したい情報です。

◉出席カレンダー

さて、次はこのログインから出席回数の表示までの一連の流れをRから操作してみます。

ログインをRから実行する

Rでウェブサイトへのログインを実行するにはいくつかの方法がありますが、本節ではRSeleniumパッケージを用いてみましょう。

RSeleniumパッケージはウェブUIテストの自動化ツールであるSeleniumをRから実行できるパッケージです。ウェブUIをテストする際は、ウェブページを操作して、その要素がどのように変化したのかスクリーンショットを撮って確認する必要があります。この作業を自動化することができるのがSeleniumです。Seleniumはローカルで立ち上げたSeleniumサーバを通して、ウェブブラウザ上のウェブページを操作します。

今回はブラウザとしてGoogle Chromeを利用します。Google Chromeを利用する際はドライバをダウンロードする必要があるため、ドライバの配布サイト(https://sites.google.com/a/chromium.org/chromedriver/downloads)からOSに合わせて最新のドライバ(Latest Release)をダウンロードしてください。

今回の例ではOSがmacOSなのでchromedriver_mac64.zipをダウンロードして展開して任意の場所に格納します。ここでは、「/Users/user1/」に格納しました。

さらに、chromeドライバの格納場所に対してパスを通しておいてください。パスを通す方法についてはインターネット上に多くの情報がありますが、Macであれば「ターミナル」を起動後、ホームディレクトリ直下に.bash_profileというファイルを作成し、そこに次の記述を加え、保存した後に、「ターミナル」を再起動するとパスを通せます。

```
export PATH=$PATH:(ドライバの格納場所)
```

今回は「/Users/user1/」に格納しているので次のような記述になります。

```
export PATH=$PATH:/Users/user1/
```

ドライバの格納場所にパスを通したら、ローカルでSelenium サーバを起動します。

まずは、公式サイト(http://www.seleniumhq.org/download/)から最新のSelenium サーバのバイナリをダウンロードしてください。今回は2016年10月30日時点で最新版のselenium-server-standalone-3.0.1.jarをダウンロードし、「/Users/user1/」に格納しました。

次はダウンロードしたSelenium サーバを起動します。Macであれば、「ターミナル」を起動して次のコマンドを実行します。

```
java -jar (selenium-server-standalone.jarの格納場所)
```

今回は「/Users/user1/」に格納したので次のように指定して実行すると、Selenium サーバが起動します。

```
java -jar /Users/user1/selenium-server-standalone-3.0.1.jar
```

ローカルでSeleniumサーバを起動した後は、**RSelenium**パッケージを用いて操作していきます。

まずは**RSelenium**パッケージをロードします。さらに`remoteDriver()`を用いて`remoteDriver`クラスのインスタンスを作成します。ここではGoogle Chromeを利用するので、`browserName`に"chrome"を指定します。

`remoteDriver`クラスは、Rのクラスの1つである参照クラス(Reference class)で実装されており、**RSelenium**パッケージにおけるブラウザ操作の中心となります。参照クラスで実装されているため、このクラスが持つメソッドについては**$**でアクセスすることに注意してください。

作成したインスタンスの`open()`を用いるとブラウザが立ち上がります。ドライバの格納場所にパスが通っていないと、ここでブラウザが立ち上がりませんので注意してください。また、ブラウザとドライバのバージョンが合っていない場合もブラウザが立ち上がらないようです。Google Chromeブラウザはバージョンが自動更新されるので、ドライバはその時点での最新版をインストールするようにしてください。

立ち上げたブラウザで目的とするページに移動するには`navigate()`を用います。先にメモしておいたログインページを指定してください。

```
> library(RSelenium)
> remDr <- remoteDriver(browserName = "chrome")
> remDr$open()
> remDr$navigate("https://hh.pid.nhk.or.jp/pidh02/loginform.do?authImagePosition=top
+                 &authImageUrl=https%3A%2F%2Fhh.pid.nhk.or.jp%2Fmygogaku_pc%2Fmygogaku_login.jpg
+                 &href=https%3A%2F%2Fwww2.nhk.or.jp%2Fgogaku%2F&n=1")
```

ログインページに移動したら、ログインIDとパスワードの入力をRから操作します。入力は、入力ボックスの指定とそのボックスに対する文字列の入力の二段階で実行します。

入力ボックスの指定には**findElement()**を用います。**findElement()**を用いることでウェブページの要素を指定できます。要素の指定方法にはXPathやCSSセレクタの他にもid要素やname要素などを利用できます。

ここでは"name"要素を用いて、"LOGIN_ID"を指定しました。

```
> webElem1 <- remDr$findElement(using="name", value="LOGIN_ID")
```

さらに指定した入力ボックスに対して、**sendKeysToElement()**でログインIDを入力します。同様にパスワードについても"name"要素を用いて"PASSWORD"を指定して、パスワードを入力します。

ログインIDとパスワードを入力したらEnterキーを押してログインを実行します。Enterキーの押下はパスワードを**sendKeysToElement()**で入力する際に、**key="enter"**と指定することで実行できます。

```
> webElem1 <- remDr$findElement(using="name", value="LOGIN_ID")
> webElem1$sendKeysToElement(sendKeys = list("マイ語学のログインID"))
> webElem2 <- remDr$findElement(using="name", value="PASSWORD")
> webElem2$sendKeysToElement(sendKeys = list("マイ語学のパスワード", key="enter"))
```

立ち上がっているブラウザがログイン後ページに移動していることを確認してください。

ログインに成功したら当初の目的ページであるカレンダーに移動します。ここでも**navigate()**を用いて、カレンダーのURLを指定することで移動します。移動が完了したら、**getPageSource()**を用いてカレンダーのドキュメントを取得します。

なお、情報を取得するために立ち上げたブラウザは**close()**を用いることで閉じることができます。

ログインIDおよびパスワードの入力からカレンダーのドキュメント取得までをまとめると、次のようになります。

```
> webElem1 <- remDr$findElement(using="name", value="LOGIN_ID")
> webElem1$sendKeysToElement(sendKeys = list("マイ語学のログインID"))
> webElem2 <- remDr$findElement(using="name", value="PASSWORD")
> webElem2$sendKeysToElement(sendKeys = list("マイ語学のパスワード", key="enter"))
> remDr$navigate("https://www2.nhk.or.jp/gogaku/mygogaku/calendar/")
> txt <- remDr$getPageSource()
> remDr$close()
```

カレンダーから情報を取得する

最後に、一連の操作で取得したドキュメントから目的の情報である出席回数を抽出します。抽出には**rvest**パッケージを利用します。

read_html()で先ほどのドキュメントを読み込んだ後、出席回数が埋め込まれている箇所をCSSセレクタで指定し、**html_text()**で文字列を取得します。CSSセレクタを指定する際にはGoogle Chromeの「要素を検証する」機能を用いて、出席回数が埋め込まれている箇所のCSSセレクタを調べ、その結果を指定しました。

さらに、取得した文字列には「回」という文字列が含まれているので、これを除去します。

これで目的としていた出席回数の情報が取得できました。

```
> library(rvest)
> count <- read_html(txt[[1]]) %>% html_nodes(css=".count-area div .count-big") %>% html_text
> count <- gsub("回", "", count) %>% as.numeric
> count
```

```
[1] 8
```

最後に

本節では**RSelenium**パッケージを用いてRからウェブページへのログインを実行し、目的とする情報を取得しました。

ここではSeleniumを利用してNHK語学講座へログインし、出席情報を取得する操作を紹介しました。

こうした個人向けのサービスは他にも多数ありますが、特定のサイトの利用を想定したパッケージも公開されています。

本節の内容とは異なる手順でウェブページへのログインを実行するRパッケージとして、たとえば**fitbitScraper**パッケージが挙げられます。**fitbitScraper**パッケージは歩数や心拍数測定といった機能を持つウェアラブルデバイスFitbitのウェブダッシュボードからの情報を取得できるパッケージです。

このパッケージではログインを行うための関数が実装されており、簡単にサイトへアクセスして情報を抽出することができます。

興味のある方はどのような実装になっているか、そのコード(https://github.com/corynissen/fitbitScraper)を確認してみるとよいでしょう。

(市川)

API実践

本章ではウェブAPIを活用する事例を紹介しています。始めに公共機関がウェブAPIを通じて提供しているデータを取得する技法を紹介します。続いてGoogle社の提供する画像解析サービスをRから利用する方法や、GitHubからレポジトリ情報を取得する事例を取り上げています。

e-Stat

日本政府の各省庁は、さまざまな統計情報を収集しています。これらの政府統計とその関連情報は、**e-Stat**(https://www.e-stat.go.jp)というポータルサイトに集約され、一般に公開されています。

e-Statに集められたデータには、ウェブサイト経由でアクセスする方法と、API経由でアクセスする方法があります。すべてのデータがAPI経由で提供されているわけではありませんが、国勢調査や各種センサスデータなどさまざまなデータがAPIから取得可能です。このAPIはJSONやCSVなどの形式なので、これらのデータを比較的簡単にRに取り込むことができます。

e-Stat APIを使う準備

まず、e-Stat APIのホームページ(https://www.e-stat.go.jp/api/apiuser/provisional/)から利用登録をしましょう(e-Stat APIの利用登録は、e-Stat本体のユーザー登録とは別になります)。

指示に従ってユーザ登録をした後、ログインして、「アプリケーションIDの取得」(https://www.e-stat.go.jp/api/apiuser/appid_regist/)というページにアクセスします。ここで、「名称」に適当な名称を、「URL」に適当なURL(「http://localhost/」など)を入力し、「発行」ボタンをクリックします。すると、アプリケーションID(appId)が発行されます。APIの利用にはこのアプリケーションIDが必要になります。

◉e-Stat APIに登録

e-Stat APIをRから使う

e-Stat APIをRから使うには、appIdをクエリ文字列に指定してリクエストを送ります。まずはどのようなAPIか見てみましょう。

▶ e-Stat APIの概要

e-Stat APIの仕様は、同ウェブサイト上(http://www.e-stat.go.jp/api/api-spec/)に公開されています。本書執筆時点ではバージョン1.0、2.0、2.1がありますが、ここではバージョン2.1のAPIについて解説します。

e-Stat APIには次のAPIが用意されています。

- 統計表情報取得(getStatsList)
- メタ情報取得(getMetaInfo)
- 統計データ取得(getStatsData、getSimpleStatsData)
- データセット登録(postDataset)
- データセット参照(refDataset)
- データカタログ情報取得(getDataCatalog)
- 統計データ一括取得(getStatsDatas、getSimpleStatsDatas)

それぞれ、次のような形式のURLで利用できます。

```
http://api.e-stat.go.jp/rest/2.1/app/[データ形式/]<APIの種類>?<パラメータ群>
```

データ形式は省略するとXML形式になり、`json`(JSON形式)や`jsonp`(JSONP形式)を指定することもできます(統計データ取得APIだけはCSV形式を指定することもできます)。指定するパラメータはAPIの種類によって違いますが、`appId`はいずれのAPIでも必須です。`appId`には先ほど発行したアプリケーションIDを指定します。

たとえば、統計データ取得APIからJSON形式のデータを取り出す場合は、次のようになります。

```
http://api.e-stat.go.jp/rest/2.1/app/json/getStatsData?appId=XXXX&...
```

▶ 統計データを取得する

それでは、e-Stat APIを使ってみましょう。統計データ取得APIから統計データを取得してみます。

統計データ取得APIで必須のパラメータは、`statsDataId`(対象の統計データのID)です。欲しい統計データのIDはAPI経由やe-Statのウェブページから検索することができますが、ここではあらかじめ調べたIDを用いることにします。

今回対象にするのは、「人口推計 平成26年10月1日現在人口推計」という統計データで、IDは"0003104180"です。このデータを使って、日本の人口の年齢構成を調べましょう。

httrパッケージを使って、次のように`query`に`appId`と`statsDataId`を指定します。

```
> library(httr)
> appId <- "XXXX"
> res <- GET(
+   url = "http://api.e-stat.go.jp/rest/2.1/app/json/getStatsData",
+   query = list(
+     appId = appId,
+     statsDataId = "0003104180"
+   )
+ )
> # 結果の取得
> result <- content(res)
```

resultはかなり階層の深いリストになっています。少しのぞいてみましょう。

```
> str(result, max.level = 4, list.len = 4)
```

```
List of 1
 $ GET_STATS_DATA:List of 3
  ..$ RESULT          :List of 3
  .. ..$ STATUS   : int 0
  .. ..$ ERROR_MSG: chr "正常に終了しました。"
  .. ..$ DATE     : chr "2016-07-25T10:54:31.173+09:00"
  ..$ PARAMETER       :List of 5
  .. ..$ LANG           : chr "J"
  .. ..$ STATS_DATA_ID : chr "0003104180"
  .. ..$ DATA_FORMAT    : chr "J"
  .. ..$ START_POSITION: int 1
  .. .. [list output truncated]
  ..$ STATISTICAL_DATA:List of 4
  .. ..$ RESULT_INF:List of 3
  .. .. ..$ TOTAL_NUMBER: int 2106
  .. .. ..$ FROM_NUMBER : int 1
  .. .. ..$ TO_NUMBER   : int 2106
  .. ..$ TABLE_INF :List of 15
  .. .. ..$ @id                 : chr "0003104180"
  .. .. ..$ STAT_NAME           :List of 2
  .. .. ..$ GOV_ORG             :List of 2
  .. .. ..$ STATISTICS_NAME     : chr "人口推計 平成26年10月1日現在人口推計"
  .. .. .. [list output truncated]
  .. ..$ CLASS_INF :List of 1
  .. .. ..$ CLASS_OBJ:List of 6
  .. .. .. .. [list output truncated]
  .. ..$ DATA_INF   :List of 2
  .. .. ..$ NOTE :List of 2
  .. .. ..$ VALUE:List of 2106
  .. .. .. .. [list output truncated]
```

このCLASS_INFというのがメタ情報、DATA_INFというのが統計データ本体です。DATA_INFの具体的な値は、その下のVALUEに入っています。1つのぞいてみると、次のようになっています。

```
> statistical_data <- result$GET_STATS_DATA$STATISTICAL_DATA
> str(statistical_data$DATA_INF$VALUE[[1]])
```

```
List of 8
 $ @tab   : chr "001"
 $ @cat01: chr "000"
 $ @cat02: chr "001"
 $ @cat03: chr "01000"
 $ @area : chr "00000"
 $ @time : chr "2013001010"
 $ @unit : chr "千人"
 $ $     : chr "127298"
```

@unitや@timeの値はなんとなく意味が推測できますが、@tab、@cat01、@cat02といった項目には"000"、"001"などの数字が並んでいるだけで、これだけでは意味がわかりません。この数字がそれぞれ何を表すかはメタ情報CLASS_INFに書かれています。

CLASS_INFの中にさらにCLASS_OBJというリストがあり、CLASS_OBJの中にそれぞれの項目のメタ情報が入っています。たとえば、"cat01"という列についてのメタ情報は次のようになります。この項目は"男女別"を表す列で、code(水準を表すコード)が"000"ならばname(水準のラベル)は"男女計"、"001"ならば"男"、"002"ならば"女"を表します。

```
> str(statistical_data$CLASS_INF$CLASS_OBJ[[2]])
```

```
List of 3
 $ @id  : chr "cat01"
 $ @name: chr "男女別"
 $ CLASS:List of 3
  ..$ :List of 3
  .. ..$ @code : chr "000"
  .. ..$ @name : chr "男女計"
  .. ..$ @level: chr "1"
  ..$ :List of 3
  .. ..$ @code : chr "001"
  .. ..$ @name : chr "男"
  .. ..$ @level: chr "1"
  ..$ :List of 3
  .. ..$ @code : chr "002"
  .. ..$ @name : chr "女"
  .. ..$ @level: chr "1"
```

e-Stat APIの統計データは、こうしたメタ情報と紐づけることではじめて解釈可能になります。紐づけ処理にはややテクニックが必要なので、後ほど詳しく見ていきましょう。その前にまずは、統計データとメタ情報を別々のデータフレームとして取り出す方法を考えます。

▶構造が均一でないリストの取り扱い

同じ要素を持った複数のリストをデータフレームに変換するには、do.call()とrbind()を組み合せる方法がよく使われます(26ページを参照)。先ほど$CLASS_OBJ[[2]]に格納されている各列のメタ情報の構造を見ましたが、CLASSには同じ要素を持ったリストが並んでいるので、do.call()とrbind()で変換することができます。

```
> do.call(rbind, statistical_data$CLASS_INF$CLASS_OBJ[[2]]$CLASS)
```

```
     @code @name    @level
[1,] "000" "男女計" "1"
[2,] "001" "男"     "1"
[3,] "002" "女"     "1"
```

しかし、$CLASS_OBJ[[1]]に同じ操作をすると、カラムが違うデータフレームに変換されます。なぜでしょうか。

```
> do.call(rbind, statistical_data$CLASS_INF$CLASS_OBJ[[1]]$CLASS)
```

```
       [,1]
@code  "001"
@name  "人口"
@level ""
@unit  "千人"
```

実は、$CLASS_OBJ[[1]]と$CLASS_OBJ[[2]]は少し構造が異なっています。str()でそれぞれのCLASS要素の構造を見比べてみましょう。

```
> str(statistical_data$CLASS_INF$CLASS_OBJ[[1]]$CLASS)
```

```
List of 4
 $ @code : chr "001"
 $ @name : chr "人口"
 $ @level: chr ""
 $ @unit : chr "千人"
```

```
> str(statistical_data$CLASS_INF$CLASS_OBJ[[2]]$CLASS)
```

```
List of 3
 $ :List of 3
  ..$ @code : chr "000"
```

CHAPTER 05 API実践

```
  ..$ @name : chr "男女計"
  ..$ @level: chr "1"
 $ :List of 3
  ..$ @code : chr "001"
  ..$ @name : chr "男"
  ..$ @level: chr "1"
 $ :List of 3
  ..$ @code : chr "002"
  ..$ @name : chr "女"
  ..$ @level: chr "1"
```

上記で**$CLASS_OBJ[[2]]**ではCLASS要素の下にはさらに複数のリストが含まれており、それぞれのリストが1つの水準(**code**)の説明になっていました。これは**code**が複数あり、それぞれについて説明が必要だからです。つまり、リストがリストの中にネストされた状態です。しかし、**$CLASS_OBJ[[1]]**のCLASS要素は単独のリストです。これは説明すべき**code**が1つだけだからです。e-Stat APIでは、単独のリストの場合はネストを省略するという挙動になっているため、違う構造になってしまうのです。

このままでは違う形のデータフレームが並ぶことになり、あとでまとめて同じ処理をする際に不便です。同じ形のデータフレームに統一するために、対象がネストしたリストかどうかを調べ、ネストされたリストの場合だけ、**do.call()**を適用するような処理を行いましょう。たとえば、次のような**rbind()**のラッパー関数を作ります。

```
> force_rbind <- function(x) {
+   x_are_list <- as.logical(lapply(x, is.list))
+   if(all(x_are_list)) {
+     # ネストしたリストはdo.callでrbindを適用する
+     do.call(rbind, x)
+   } else {
+     # ただのリストはそのままrbindする
+     rbind(x)
+   }
+ }
> force_rbind(statistical_data$CLASS_INF$CLASS_OBJ[[2]]$CLASS)
```

```
     @code @name    @level
[1,] "000" "男女計" "1"
[2,] "001" "男"     "1"
[3,] "002" "女"     "1"
```

```
> force_rbind(statistical_data$CLASS_INF$CLASS_OBJ[[1]]$CLASS)
```

```
  @code @name  @level @unit
x "001" "人口" ""     "千人"
```

幸い、dplyrパッケージのbind_rows()は、リストでもネストしたリストでもうまく扱うことができます（バージョン0.5.0以降）。今回は前ページのような自作関数は使わず、bind_rows()を使います。次の例で、bind_rows()の結果はどちらも列数が同じになっていることがわかります。ちなみに各行が、codeが表す水準の説明になっています。

```
> library(dplyr)
> bind_rows(statistical_data$CLASS_INF$CLASS_OBJ[[2]]$CLASS)
```

```
# A tibble: 3 × 3
  `@code` `@name` `@level`
    <chr>   <chr>    <chr>
1     000  男女計        1
2     001      男        1
3     002      女        1
```

```
> bind_rows(statistical_data$CLASS_INF$CLASS_OBJ[[1]]$CLASS)
```

```
# A tibble: 1 × 4
  `@code` `@name` `@level` `@unit`
    <chr>   <chr>    <chr>   <chr>
1     001    人口             千人
```

▶ 統計データとメタ情報を取り出す

では、統計データを取り出しましょう。統計データが格納されているVALUE要素は、bind_rows()によってそのままデータフレームに変換することができます。また、後でメタ情報との紐づけを行いますので、列名を確認しておきます。

```
> data_df <- bind_rows(statistical_data$DATA_INF$VALUE)
> data_df
```

```
# A tibble: 2,106 × 8
   `@tab` `@cat01` `@cat02` `@cat03` `@area`    `@time` `@unit`    `$`
    <chr>    <chr>    <chr>    <chr>   <chr>      <chr>   <chr>  <chr>
1     001      000      001    01000   00000 2013001010    千人 127298
2     001      000      001    01000   00000 2013001111    千人 127295
3     001      000      001    01000   00000 2013001212    千人 127277
4     001      000      001    01000   00000 2014000101    千人 127235
5     001      000      001    01000   00000 2014000202    千人 127187
6     001      000      001    01000   00000 2014000303    千人 127136
7     001      000      001    01000   00000 2014000404    千人 127136
8     001      000      001    01000   00000 2014000505    千人 127098
9     001      000      001    01000   00000 2014000606    千人 127113
10    001      000      001    01000   00000 2014000707    千人 127132
# ... with 2,096 more rows
```

次に、メタ情報を取り出します。統計データはまるごとデータフレームに変換することができましたが、メタ情報は少し複雑な構造をしているのでリストのまま取り出します。統計データの各カテゴリの水準の情報が格納されているCLASS要素はデータフレームに変換しておきます。

```
> meta_info <- statistical_data$CLASS_INF$CLASS_OBJ %>%
+   lapply(function(i) {
+     i$CLASS <- bind_rows(i$CLASS)
+     i
+   })
> meta_info[2]
```

```
[[1]]
[[1]]$`@id`
[1] "cat01"

[[1]]$`@name`
[1] "男女別"

[[1]]$CLASS
# A tibble: 3 × 3
  `@code` `@name` `@level`
    <chr>   <chr>    <chr>
1     000  男女計        1
2     001      男        1
3     002      女        1
```

このメタ情報を統計データに紐づける際、各カテゴリのメタ情報を統計データの列名と同じ名前(@tab、@cat01など)で取り出せた方が便利です。各カテゴリのメタ情報は、@idの値の先頭に@をつけると統計データの列名と一致するようになっています。これを各リストの名前として設定します。

```
> mids <- sapply(meta_info, function(x) x$`@id`)
> mids
```

```
[1] "tab"   "cat01" "cat02" "cat03" "area"  "time"
```

```
> names(meta_info) <- paste0("@", mids)
```

これで統計データとメタ情報の準備が整いました。次に、この2つのデータを紐づけます。

▶ 統計データとメタ情報を紐づける

紐づけは、メタ情報を別の列として追加する方法(dplyrパッケージの**inner_join()**などが便利です)と、factorのラベルにする方法があります。ここでは後者の方法でやってみます。

試しにひとつ、統計データ**data_df**の**@cat01**列にメタ情報を紐づけてみましょう。まず、**meta_info**から**@cat01**要素のメタ情報を取り出します。

```
> meta_info_cat01 <- meta_info[["@cat01"]]
> meta_info_cat01
```

```
$`@id`
[1] "cat01"

$`@name`
[1] "男女別"

$CLASS
# A tibble: 3 × 3
  `@code` `@name` `@level`
    <chr>   <chr>    <chr>
1     000  男女計        1
2     001      男        1
3     002      女        1
```

meta_info_cat01のCLASS要素には**@code**(水準を表すコード)と**@name**(水準のラベル)の対応情報が入っています。これを**data_df**の**@cat01**列に入っているコードの羅列に紐づけます。**factor()**の**levels**引数と**labels**引数にコードとラベルをそれぞれ指定すると、水準が正しく紐づいたfactorのベクトルをつくることができます。

```
> cat01_factor <- factor(data_df[["@cat01"]],
+                        levels = meta_info_cat01$CLASS$`@code`,
+                        labels = meta_info_cat01$CLASS$`@name`)
> head(cat01_factor)
```

```
[1] 男女計 男女計 男女計 男女計 男女計 男女計
Levels: 男女計 男 女
```

紐づけが終わったデータを元の**data_df**の**@cat01**列に格納します。

```
> data_df[, "@cat01"] <- cat01_factor
```

meta_infoの他の要素についても同様の手順で**data_df**に紐づけましょう。forループで同じ処理を繰り返します。

```
> meta_inf_wo_cat01 <- meta_info[names(meta_info) != "@cat01"]
> for (colname in names(meta_inf_wo_cat01)) {
+   m <- meta_info[[colname]]
+   data_df[, colname] <- factor(data_df[[colname]],
+                                levels = m$CLASS$`@code`,
+                                labels = m$CLASS$`@name`)
+ }
```

また、@cat01、@cat02といった列名ではわかりにくいので、メタ情報の@nameに置き換えます。

```
> mids   <- names(meta_info)
> mnames <- sapply(meta_info, function(x) x$`@name`)
> mnames
```

```
          @tab          @cat01          @cat02          @cat03           @area
    "表章項目"        "男女別"          "人口"  "年齢5歳階級"          "全国"
         @time
"時間軸(月)"
```

```
> names(data_df)[match(mids, names(data_df))] <- mnames
> data_df
```

```
# A tibble: 2,106 × 8
   表章項目 男女別   人口 年齢5歳階級   全国 `時間軸(月)` `@unit`    `$`
     <fctr> <fctr> <fctr>      <fctr> <fctr>       <fctr>   <chr>  <chr>
1      人口 男女計 総人口        総数   全国  平成25年10月    千人 127298
2      人口 男女計 総人口        総数   全国  平成25年11月    千人 127295
3      人口 男女計 総人口        総数   全国  平成25年12月    千人 127277
4      人口 男女計 総人口        総数   全国   平成26年1月    千人 127235
5      人口 男女計 総人口        総数   全国   平成26年2月    千人 127187
6      人口 男女計 総人口        総数   全国   平成26年3月    千人 127136
7      人口 男女計 総人口        総数   全国   平成26年4月    千人 127136
8      人口 男女計 総人口        総数   全国   平成26年5月    千人 127098
9      人口 男女計 総人口        総数   全国   平成26年6月    千人 127113
10     人口 男女計 総人口        総数   全国   平成26年7月    千人 127132
# ... with 2,096 more rows
```

これでメタ情報が紐づけられた統計データができました。

▶年齢構成の棒グラフを描く

このデータを使って年齢構成のヒストグラムを描いてみましょう。このデータにはある年の月別人口推計が記録されていますが、男女別の人口、その合計値が行で分けられています。

すべてのデータを同時にグラフに描くのは難しいので、ある程度絞り込む必要があります。それぞれのカテゴリにどのような値が含まれているか見てみましょう。

```
> levels(data_df$`時間軸(月)`)
```

```
 [1] "平成25年10月" "平成25年11月" "平成25年12月" "平成26年1月"
 [5] "平成26年2月"  "平成26年3月"  "平成26年4月"  "平成26年5月"
 [9] "平成26年6月"  "平成26年7月"  "平成26年8月"  "平成26年9月"
[13] "平成26年10月"
```

```
> levels(data_df$`男女別`)
```

```
[1] "男女計" "男"     "女"
```

```
> levels(data_df$`人口`)
```

```
[1] "総人口"     "日本人人口"
```

```
> levels(data_df$`年齢5歳階級`)
```

```
 [1] "総数"                    "0～4歳"                  "5～9歳"
 [4] "10～14歳"                "15～19歳"                "20～24歳"
 [7] "25～29歳"                "30～34歳"                "35～39歳"
[10] "40～44歳"                "45～49歳"                "50～54歳"
[13] "55～59歳"                "60～64歳"                "65～69歳"
[16] "70～74歳"                "75～79歳"                "80～84歳"
[19] "85～89歳"                "90～94歳"                "95～99歳"
[22] "100歳以上"               "(再掲)0～14歳"          "(再掲)15～64歳"
[25] "(再掲)65歳以上"         "(再掲)うち75歳以上" "(再掲)うち85歳以上"
```

ここでは最新のデータからヒストグラムを描くことにします。**時間軸(月)**は"平成26年10月"のデータに絞り込みます。**男女別**は、今回は合計値だけを使うことにして"男女計"に絞り込みます。**人口**は、"総人口"に絞り込みます。**年齢5歳階級**は、"総数"や"(再掲)..."が他と重複のあるデータなので除外します。

なお、$の列が人口データですが、この段階では文字列になっているので、数値型に変換しておきます。

```
> data_H26_Oct <- data_df %>%
+   filter(
+     `時間軸(月)` == "平成26年10月",
+     `男女別`      == "男女計",
+     `人口`        == "総人口",
+     grepl(pattern = "^\\d+", x = `年齢5歳階級`)
+   ) %>%
+   mutate(`推計値[千人]` = as.integer(`$`))
> data_H26_Oct
```

```
# A tibble: 21 × 9
   表章項目 男女別   人口 年齢5歳階級   全国 `時間軸(月)` `@unit`   `$`
     <fctr> <fctr> <fctr>      <fctr> <fctr>        <fctr>   <chr> <chr>
1      人口 男女計 総人口        0～4歳   全国   平成26年10月    千人  5213
2      人口 男女計 総人口        5～9歳   全国   平成26年10月    千人  5307
3      人口 男女計 総人口      10～14歳   全国   平成26年10月    千人  5713
4      人口 男女計 総人口      15～19歳   全国   平成26年10月    千人  6005
5      人口 男女計 総人口      20～24歳   全国   平成26年10月    千人  6203
6      人口 男女計 総人口      25～29歳   全国   平成26年10月    千人  6678
7      人口 男女計 総人口      30～34歳   全国   平成26年10月    千人  7466
8      人口 男女計 総人口      35～39歳   全国   平成26年10月    千人  8670
9      人口 男女計 総人口      40～44歳   全国   平成26年10月    千人  9793
10     人口 男女計 総人口      45～49歳   全国   平成26年10月    千人  8608
# ... with 11 more rows, and 1 more variables: `推計値[千人]` <int>
```

ggplot2パッケージでこのデータを棒グラフにしてみましょう。棒グラフを描くとき、データに含まれる値を縦軸にする場合は`geom_col()`、データの個数を縦軸にする場合は`geom_bar()`を使います。今回は前者なので`geom_col()`です(ggplot2のバージョンが2.1以前なら`geom_bar(stat = "identity")`を使います)。

```
> library(ggplot2)
> ggplot(data_H26_Oct, aes(x = `年齢5歳階級`, y = `推計値[千人]`)) +
+   geom_col() +
+   theme(axis.text.x = element_text(angle = -45, hjust = 0)) +
```

◉年齢階級ごとの人口推計値

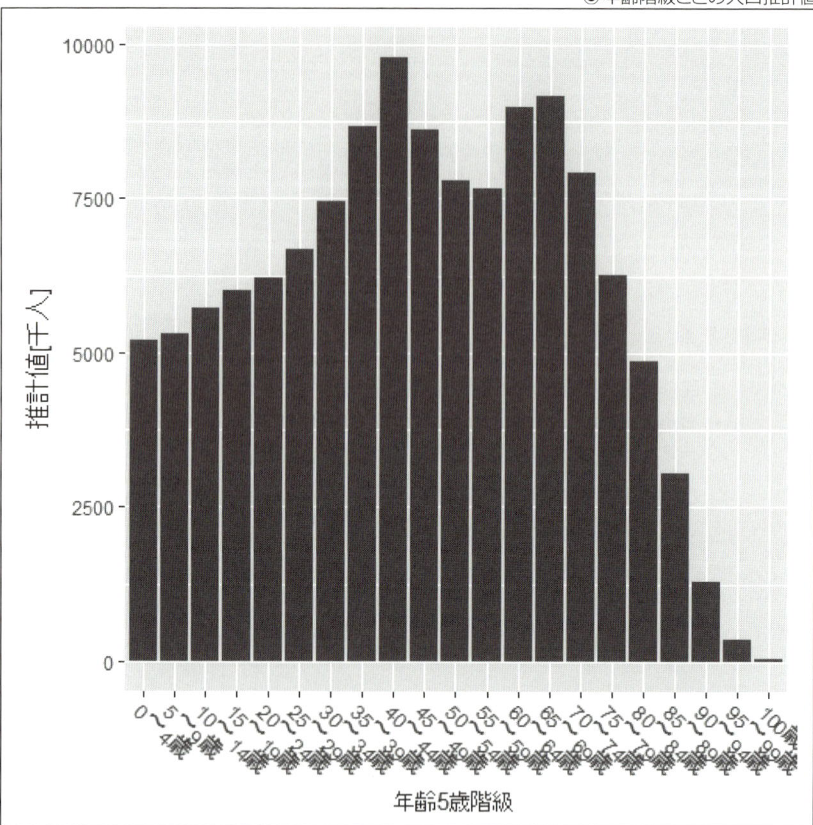

estatapiパッケージの利用

ここまで、e-Stat APIの結果からデータの部分だけを抜き出してデータフレームにする方法や、それをメタ情報と紐づける方法を見てきました。1つひとつの処理を見るとそこまで難しいことをしているわけではないのですが、データの前処理はやはり骨が折れます。

そこで筆者のひとりが作成した**estatapi**パッケージを使うと、手軽にe-Stat APIを使うことができます。ここではその方法を少し紹介します。

▶estatapiパッケージのインストール

estatapiはCRANからインストールできます。最新の開発版がインストールしたい場合はGitHubのレポジトリ(https://github.com/yutannihilation/estatapi/)からインストールすることもできます。

```
> install.packages("estatapi")
> # 最新版をインストールする場合
> library(devtools)
> install_github("yutannihilation/estatapi")
```

▶ 統計データを探す

最初に述べたように e-Statからデータを抽出するには統計データのIDが必要です。前述で説明した事例では、あらかじめ調べておいた統計データのIDを使っていましたが、e-Statには統計データを検索するAPIもあります。

estat_getStatsList()を使うと、そのAPIを簡単に使うことができます。「人口推計」というキーワードを含む統計データを探してみましょう。searchWord引数に調べたいキーワードを指定します。検索キーワードの指定によってはe-Statから結果が返ってくるまでに多少時間がかかることがあるので注意してください。

```
> library(estatapi)
> population_stats <- estat_getStatsList(appId = appId, searchWord = "人口推計")
```

この検索条件では多数の統計表が該当データとして返ってきます。population_statsの中身を少しのぞいてみて、絞り込む方法を考えてみましょう。

```
> nrow(population_stats)
```

```
[1] 431
```

```
> glimpse(population_stats)
```

```
Observations: 431
Variables: 13
$ @id                  <chr> "0003046396", "0003046397", "0003046398",...
$ STAT_NAME            <chr> "人口推計", "人口推計", "人口推計", "人口推計", "人口推計", "...
$ GOV_ORG              <chr> "総務省", "総務省", "総務省", "総務省", "総務省", "総務省",...
$ STATISTICS_NAME       <chr> "人口推計 平成23年10月1日現在人口推計", "人口推計 平成23年10月1
日...
$ TITLE                <chr> "年齢(各歳),男女別人口及び人口性比－総人口,日本人人口", "年齢(5
歳階級)...
$ CYCLE                <chr> "-", "-", "-", "-", "-", "-", "-", "-", "...
$ SURVEY_DATE          <chr> "201110", "201110", "201110", "201110", "...
$ OPEN_DATE            <chr> "2012-04-17", "2012-04-17", "2012-04-17",...
$ SMALL_AREA           <chr> "0", "0", "0", "0", "0", "0", "0", "0", "...
$ MAIN_CATEGORY        <chr> "人口・世帯", "人口・世帯", "人口・世帯", "人口・世帯", "人口・世...
$ SUB_CATEGORY         <chr> "人口", "人口", "人口", "人口", "人口", "人口", "人口",...
$ OVERALL_TOTAL_NUMBER <chr> "816", "1794", "810", "384", "1440", "240...
$ UPDATED_DATE         <chr> "2012-04-17", "2012-04-17", "2012-04-17",...
```

TITLEという要素は統計表の表題です。ここから、本章の最初に利用した統計データと同じ統計表に絞り込んでみます。

```
> result$GET_STATS_DATA$STATISTICAL_DATA$TABLE_INF$TITLE
```

```
$`@no`
[1] "002"

$`$`
[1] "年齢(5歳階級), 男女, 月別人口－総人口, 日本人人口"
```

```
> population_agerange_stats <- population_stats %>%
+   filter(`TITLE` == "年齢(5歳階級), 男女, 月別人口－総人口, 日本人人口")
> population_agerange_stats
```

```
# A tibble: 7 × 13
       `@id` STAT_NAME GOV_ORG                    STATISTICS_NAME
       <chr>     <chr>   <chr>                              <chr>
1 0003046397  人口推計  総務省 人口推計 平成23年10月1日現在人口推計
2 0003080182  人口推計  総務省 人口推計 平成24年10月1日現在人口推計
3 0003094352  人口推計  総務省 人口推計 平成25年10月1日現在人口推計
4 0003104180  人口推計  総務省 人口推計 平成26年10月1日現在人口推計
5 0003001295  人口推計  総務省 人口推計 平成19年10月1日現在推計人口
6 0003006716  人口推計  総務省 人口推計 平成20年10月1日現在推計人口
7 0003014708  人口推計  総務省 人口推計 平成21年10月1日現在推計人口
# ... with 9 more variables: TITLE <chr>, CYCLE <chr>, SURVEY_DATE <chr>,
#   OPEN_DATE <chr>, SMALL_AREA <chr>, MAIN_CATEGORY <chr>,
#   SUB_CATEGORY <chr>, OVERALL_TOTAL_NUMBER <chr>, UPDATED_DATE <chr>
```

複数年度の"年齢(5歳階級), 男女, 月別人口－総人口, 日本人人口"の統計データだけに絞り込まれました。

▶統計データを取得する

`estat_getStatsData()`はe-Stat APIから統計データを取得します。試しに前述の例と同じIDを指定して関数を実行してみましょう。`estat_getStatsData()`の結果は、`XXX_code`という列と日本語の名前の列がほぼ交互に現れています。`XXX_code`は各水準を表すコードで、1つ次の列がその水準のラベルになっています。

```
> glimpse(estat_getStatsData(appId, statsDataId = "0003104180"))
```

```
Observations: 2,106
Variables: 14
$ tab_code    <chr> "001", "001", "001", "001", "001", "001", "001", ...
$ 表章項目    <chr> "人口", "人口", "人口", "人口", "人口", "人口", "人口", "人口", "人口",...
$ cat01_code  <chr> "000", "000", "000", "000", "000", "000", "000", ...
$ 男女別      <chr> "男女計", "男女計", "男女計", "男女計", "男女計", "男女計", "男女計", "男
女...
$ cat02_code  <chr> "001", "001", "001", "001", "001", "001", "001", ...
$ 人口        <chr> "総人口", "総人口", "総人口", "総人口", "総人口", "総人口", "総人口", "総...
$ cat03_code  <chr> "01000", "01000", "01000", "01000", "01000", "010...
```

```
$ 年齢5歳階級  <chr> "総数", "総数", "総数", "総数", "総数", "総数", "総数", "総数", "総数", ...
$ area_code    <chr> "00000", "00000", "00000", "00000", "00000", "000...
$ 全国         <chr> "全国", "全国", "全国", "全国", "全国", "全国", "全国", "全国", "全国...
$ time_code    <chr> "2013001010", "2013001111", "2013001212", "201400...
$ 時間軸(月) <chr> "平成25年10月", "平成25年11月", "平成25年12月", "平成26年1月", "平成26年2月...
$ unit         <chr> "千人", "千人", "千人", "千人", "千人", "千人", "千人", "千人", "...
$ value        <dbl> 127298, 127295, 127277, 127235, 127187, 127136, 1...
```

データの形式がわかったところで、上記で絞り込んだ7件の統計データをすべて取得しましょう。それぞれのIDを`estat_getStatsData()`に指定します。

```
> population_data_list <- lapply(population_agerange_stats$`@id`,
+                                function(x) estat_getStatsData(x, appId = appId))
```

ここで`population_data_list`は、7個のデータフレームからなるリストです。これを`bind_rows()`で1つのデータフレームへと結合します。

ただし、年によって**年齢5歳階級**の水準が異なっているのでやや注意が必要です。各年での比較をすることを考えて、"85〜89歳"、"90〜94歳"といった水準は"85歳以上"にまとめておきます。加えて前述と同じく**男女別**、**人口**、**年齢5歳階級**で絞り込みをします。**時間軸(月)**は各年の1月に絞り込むことにします。

```
> population_data_merged <- population_data_list %>%
+   bind_rows %>%
+   mutate(
+     `年齢5歳階級` = ifelse(`年齢5歳階級` %in%
+                        c("85歳以上", "85〜89歳", "90〜94歳", "95〜99歳", "100歳以上"),
+                        yes = "85歳以上",
+                        no = `年齢5歳階級`)
+   ) %>%
+   filter(
+     grepl(pattern = "年1月", `時間軸(月)`),
+     `男女別` == "男女計",
+     `人口` == "総人口",
+     grepl(pattern = "^\\d+", x = `年齢5歳階級`)
+   )
> population_data_merged
```

```
# A tibble: 129 × 14
  tab_code 表章項目 cat01_code 男女別 cat02_code   人口 cat03_code
     <chr>    <chr>      <chr>  <chr>      <chr>  <chr>      <chr>
1      001     人口        000 男女計        001 総人口      01001
2      001     人口        000 男女計        001 総人口      01002
3      001     人口        000 男女計        001 総人口      01003
4      001     人口        000 男女計        001 総人口      01004
```

```
5       001     人口       000 男女計      001 総人口      01005
6       001     人口       000 男女計      001 総人口      01006
7       001     人口       000 男女計      001 総人口      01007
8       001     人口       000 男女計      001 総人口      01008
9       001     人口       000 男女計      001 総人口      01009
10      001     人口       000 男女計      001 総人口      01010
# ... with 119 more rows, and 7 more variables: 年齢5歳階級 <chr>,
#   area_code <chr>, 全国 <chr>, time_code <chr>, `時間軸(月)` <chr>,
#   unit <chr>, value <dbl>
```

また、年齢を昇順に並べるべきですが、このデータで**年齢5歳階級**列の中身はただの文字列なので、これをこのまま`sort()`を使って並べ替えると"5歳～9歳"の水準が"45歳～49歳"と"50歳～54歳"の間に来てしまいます。そこで"～"という文字の前にある数字を使ってソートします。

```
> library(stringr)
> # いったん並べ替えのためのデータフレームを作る
> age_label <- population_data_merged %>%
+   transmute(
+     `年齢5歳階級`,
+     lower_age  = as.integer(str_extract(`年齢5歳階級`, "^\\d+"))
+   ) %>%
+   distinct() %>%
+   arrange(lower_age)
> head(age_label)
```

```
# A tibble: 6 × 2
  年齢5歳階級 lower_age
        <chr>     <int>
1      0～4歳         0
2      5～9歳         5
3    10～14歳        10
4    15～19歳        15
5    20～24歳        20
6    25～29歳        25
```

```
> # factorにして順序をつける
> population_data <- population_data_merged %>%
+   mutate(`年齢5歳階級` = factor(`年齢5歳階級`, levels = age_label$`年齢5歳階級`))
```

このデータを使って、年度ごとに棒グラフを描いてみましょう。指定した変数の値ごとにグラフを描いて並べるには`facet_grid()`を使います。各年のグラフを見比べると、徐々に人口のピークが移り変わっていくのがわかると思います。

```
> ggplot(population_data, aes(`年齢5歳階級`, value)) +
+   geom_bar(stat = "identity") +
+   facet_grid(`時間軸(月)` ~ .) +
+   theme(axis.text.x = element_text(angle = -60, hjust = 0))
```

◉人口構成の推移

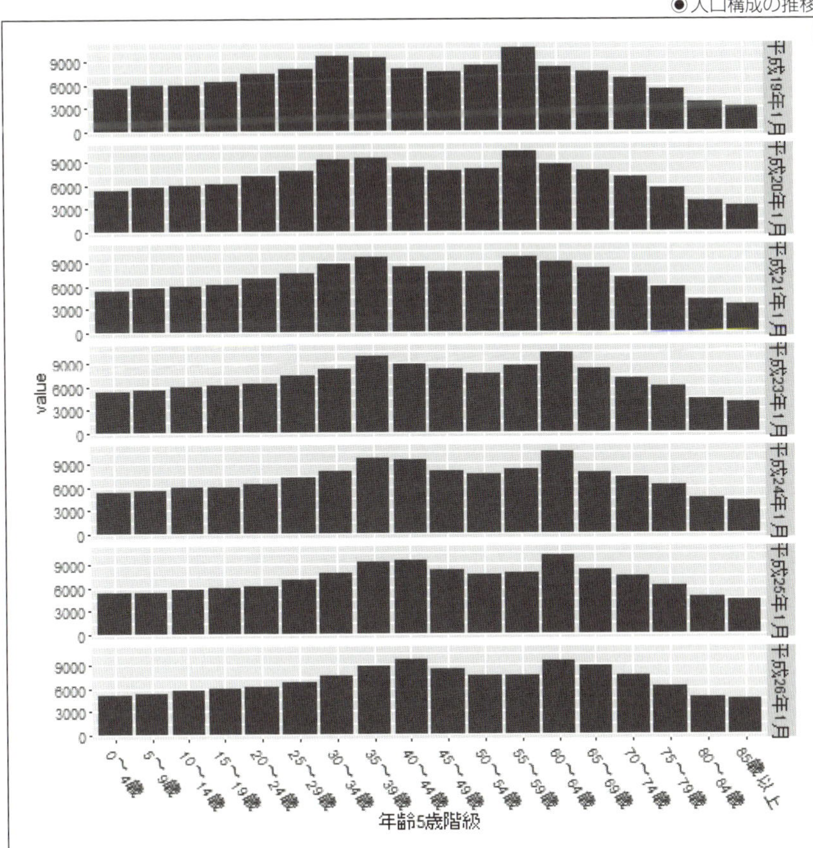

類似のAPI

e-Statのように政府機関の統計情報がAPIとして公開するという取り組みは世界を見渡せばたくさんあります。また、それらをRから使うためのパッケージも多数存在します。

▶ Eurostat

Eurostat(http://ec.europa.eu/eurostat/)とは、欧州委員会で統計情報を担当している部署です。欧州のさまざまな統計情報を提供するのをミッションとしていて、APIサービスも提供しています。利用に際してユーザ登録などは必要ありません。

Eurostat APIをRから使うには、**httr**パッケージで直接APIにリクエストを送る他、rOpenSciが開発する**eurostat**というパッケージを利用することもできます。**eurostat**パッケージでは、次のように`search_eurostat()`で統計データを検索し、`get_eurostat()`でその統計データを取得することができます。

```
> library(eurostat)
> datasets <- search_eurostat("Modal split of passenger transport", type = "table")
> datasets
```

```
# A tibble: 3 × 8
                                 title      code  type `last update of data`
                                 <chr>     <chr> <chr>                 <chr>
1 Modal split of passenger transport tsdtr210 table            28.10.2016
2 Modal split of passenger transport tsdtr210 table            28.10.2016
3 Modal split of passenger transport tsdtr210 table            28.10.2016
# ... with 4 more variables: `last table structure change` <chr>, `data
#   start` <chr>, `data end` <chr>, values <chr>
```

```
> dat <- get_eurostat(datasets$code[1], time_format = "num")
> head(dat)
```

```
# A tibble: 6 × 5
    unit vehicle    geo  time values
  <fctr>  <fctr> <fctr> <dbl>  <dbl>
1     PC BUS_TOT     AT  1990   11.0
2     PC BUS_TOT     BE  1990   10.6
3     PC BUS_TOT     CH  1990    3.7
4     PC BUS_TOT     DE  1990    9.1
5     PC BUS_TOT     DK  1990   11.3
6     PC BUS_TOT     EL  1990   32.4
```

(湯谷)

SECTION-025

アメリカ地質調査所提供の地震データ

アメリカ地質調査所(United States Geological Survey: USGS https://www.usgs.gov)は、地震や地質、生態系などといった幅広い自然現象を対象としたアメリカ合衆国の調査研修機関です。USGSでは、データ提供を行っており、アメリ国内外の自然現象に関するデータが手に入り、APIから利用できる形式が整備されています。

USGSの活動の1つに世界中で発生した地震についての情報を蓄積する地震ハザードプログラム(http://earthquake.usgs.gov)があります。このプログラムではAPIとしてデータ提供が行われているので、httrパッケージを利用してデータを取得してみましょう。また、取得後のデータに対してdplyrパッケージを利用して加工・集計、ggplot2によるデータの可視化を行います。

地震データの入手

USGS地震ハザードプログラムのAPIドキュメントは、http://earthquake.usgs.gov/fdsnws/event/1/に整備されています。このAPIは登録なしに利用できます。APIのベースとなるURLは`http://earthquake.usgs.gov/fdsnws/event/1/[METHOD[?PARAMETERS]]`であり、METHODやPARAMETERSの部分を目的に応じて指定します。この`[METHOD[?PARAMETERS]]`には、`application.json`、`application.wadl`、`catalogs`、`contributors`、`count`、`query`、`version`の7種の値が指定ができます。

アクセスする前に必要なるパッケージを読み込み、APIのエンドポイントを`base.url`というオブジェクトに保存しておきます。

```
> library(magrittr)
> library(httr)
> library(dplyr)
> # APIのエンドポイントをオブジェクトに保存する
> base.url <- "http://earthquake.usgs.gov/fdsnws/event/1/"
```

USGS地震ハザードプログラムのAPIはすべてGETメソッドによって取得するので、ここではhttrパッケージの`GET()`を使います。たとえば、APIのバージョンを取得するには`[METHOD[?PARAMETERS]]`の部分に`version`を指定して実行します。`version`はAPIサービスのバージョンを返すものです。`paste()`を利用し、`base.url`と`version`を結合させ、リクエストURLを生成します。

```
> req <- paste0(base.url, "version") %>% GET()
> req %>% status_code()
```

```
[1] 200
```

CHAPTER 05 API―実践

GET()でAPIサーバにリクエストした値の結果をstatus_code()で確認してみると、ステータスコード200、すなわち正常なリクエストとレスポンスの受け取りができているようなので、content()でリクエスト結果を見てみます。今回利用したversionはAPIのバージョンを返すというシンプルなものなので、返り値も1つの文字列となっています。

```
> req %>% content(encoding = "UTF-8")
```

```
[1] "1.5.2"
```

では次に目的の地震データの値を得るためのリクエストを行ってみることにします。地震データの値は[METHOD[?PARAMETERS]]にqueryとパラメータを指定することで得られます。このパラメータを指定・変更することで目的に応じたデータの取得が可能になるので、まずはパラメータの説明をすることにします。

▶パラメータの指定

USGS地震ハザードプログラムのAPIで指定できる主なパラメータは次の通りです。

パラメータ	説明
format	レスポンスのデータ形式を指定する。指定可能な値は「csv」「geojson」「kml」「quakeml」「text」「xml」があり、指定しない場合は「quakeml」が与えられる
time	データ取得範囲の日時を定義する。日付と時刻の表記に関する国際規格であるISO 8601形式の値を「endtime」(終了日時)および「starttime」(開始日時)によって指定する。USGSのAPIでは現在の日付から過去1カ月分のデータが取得可能
location	データが得られた地点の範囲を、長方形および円形の領域によって指定する。緯度経度は10進数表記により与える
catalog	データ取得のカタログ(目録)の種類を指定する場合にこのパラメータに値を与える。カタログの一覧はcatalogs()を利用して調べられる
limit	取得するデータ件数を定義する。APIの仕様によって上限が2万件と定まっている

これらのパラメータはGET()のquery引数でlist()を使って、リストクラスのオブジェクトにパラメータ名と値の組み合わせを作ることになります。たとえば、formatの値が"csv"、starttimeは"2016-08-01"、endtimeを"2016-08-07"とするには、次のようにします。

```
> params <- list(format = "csv",
+                starttime = "2016-08-01",
+                endtime = "2016-08-07")
>
> params
```

```
$format
[1] "csv"

$starttime
[1] "2016-08-01"

$endtime
[1] "2016-08-07"
```

▶ queryメソッドの実行

先ほど述べたパラメータを指定して、実際の地震データを取得してみましょう。USGS地震ハザードプログラムの提供データをRで利用する際は、csvやgeojsonといった形式で取得すると後の操作が楽になります。これらの形式はRが扱う標準のオブジェクトクラスとして扱うことが可能であり、httrパッケージにより自動的にオブジェクトの変換が行われます。

```
> # パラメータにより、データ取得形式と取得期間の指定を行う
> req <- paste0(base.url, "query") %>% GET(query = params)
>
> res <- req %>% content(encoding = "UTF-8")
```

`content()`の実行によりリクエスト結果を得ましたが、`format = "csv"`を指定したことで、レスポンスはカンマ区切り(comma separated values)のテキストファイル形式で提供されました(MIMEタイプとしてtext/csvが宣言される)。そのため、httrパッケージ側でCSVファイルを読み込むための処理(内部でreadrというパッケージを利用)が行われました。その結果、2次元のデータフレームクラスオブジェクトとして扱えるようになりました。ここではデータフレームの大きさや変数名とその内容をdplyrパッケージの`glimpse()`を利用して確認します。

```
> res %>% glimpse()
```

```
Observations: 2,136
Variables: 22
$ time            <dttm> 2016-08-06 23:51:33, 2016-08-06 23:49:49, 201...
$ latitude        <dbl> 44.34210, 38.26130, 21.54720, 33.17383, 33.640...
$ longitude       <dbl> -129.4701, -118.7474, 143.1465, -116.4235, -11...
$ depth           <dbl> 10.00, 11.70, 342.80, 11.80, 13.49, 9.26, 21.2...
$ mag             <dbl> 3.90, 0.50, 4.00, 1.65, 0.27, 1.75, 0.75, 1.60...
$ magType         <chr> "mb", "ml", "mb", "ml", "ml", "ml", "ml", "ml"...
$ nst             <int> NA, 8, NA, 47, 15, 30, 11, 14, 15, 64, 24, 34,...
$ gap             <dbl> 201.00000, 144.66000, 131.00000, 40.00000, 65....
$ dmin            <dbl> 3.952000, 0.191000, 6.767000, 0.094260, 0.0359...
$ rms             <dbl> 0.8600, 0.0783, 0.4900, 0.2300, 0.0700, 0.1900...
$ net             <chr> "us", "nn", "us", "ci", "ci", "ci", "uw", "ak"...
$ id              <chr> "us10006bwe", "nn00555766", "us10006ccd", "ci3...
$ updated         <dttm> 2016-10-26 03:10:21, 2016-08-11 21:24:01, 201...
$ place           <chr> "Off the coast of Oregon", "31km SSW of Hawtho...
$ type            <chr> "earthquake", "earthquake", "earthquake", "ear...
$ horizontalError <dbl> 11.10, NA, 7.60, 0.28, 0.21, 0.28, 0.66, 1.00,...
$ depthError      <dbl> 2.00, 6.60, 10.90, 0.82, 0.36, 0.41, 1.11, 1.9...
$ magError        <dbl> 0.148, 0.290, 0.125, 0.262, 0.124, 0.163, 0.10...
$ magNst          <int> 12, 3, 17, 25, 5, 25, 5, NA, 4, NA, 16, 9, 7, ...
$ status          <chr> "reviewed", "reviewed", "reviewed", "reviewed"...
$ locationSource  <chr> "us", "nn", "us", "ci", "ci", "ci", "uw", "ak"...
$ magSource       <chr> "us", "nn", "us", "ci", "ci", "ci", "uw", "ak"...
```

いくつかの変数について説明すると、timeが地震発生の日時、latitudeとlongitudeが緯度および経度、depthが地震の深さを示しています。depthの単位はキロメートルです。すべての変数の詳細を知りたい方は公式ドキュメントのhttp://earthquake.usgs.gov/earthquakes/feed/v1.0/csv.phpを参照してください。

▶取得したデータの処理

APIから取得したデータをデータフレームとして扱うことの利点として、データ操作パッケージの**dplyr**パッケージの提供する関数を使った柔軟なデータ処理ができるようになるということがあります。ここでは先ほど得た地震データに対し、**dplyr**パッケージのいくつかの関数を適用し、APIデータの利用例を示します。

まずは地震の種類ごとの回数を数えるという処理を実行します。

```
> # sort引数により降順指定をする
> res %>% count(type, sort = TRUE)
```

```
# A tibble: 4 × 2
             type     n
            <chr> <int>
1      earthquake  2097
2    quarry blast    29
3       explosion     7
4 mining explosion    3
```

`type`列の要約から、データのほとんどが earthquakeの値であることがわかりますが、一部にexplosion、quarry blastの値が混ざっています。`filter()`を利用した次の処理により、条件指定でearthquake以外の値を削除します。

```
> nrow(res)
```

```
[1] 2136
```

```
> res %<>% filter(type == "earthquake")
> nrow(res)
```

```
[1] 2097
```

`res`オブジェクトを、type列の値がearthquakeのものだけを含んだ結果で上書きしました。次にデータの中からいくつかの変数を削る処理を行います。`select()`によりデータフレームから`id`、`time`、`latitude`、`longitude`、`depth`、`mag`、`place`列を選択します。このような変数の削除の目的は、データフレームのオブジェクトサイズを軽減することもありますが、列数の多いデータだと全体の把握が行いにくいために調整するということもあります。

```
> res %<>% select(id, time, lat = latitude, lon = longitude, depth, mag, place)
```

最後に**summarise()**によってデータ内でのdepth(震源の深さ)とmag(マグニチュード)の統計値を求めてみましょう。

特に複数の列に適用する関数が共通である場合、**summarise_at()**による列指定の処理が便利です。

```
> res %>%
+   summarise_at(vars(depth, mag), c("min", "max", "mean"), na.rm = TRUE)
```

```
# A tibble: 1 × 6
  depth_min mag_min depth_max mag_max depth_mean mag_mean
      <dbl>   <dbl>     <dbl>   <dbl>      <dbl>    <dbl>
1     -3.39    -0.9    623.52     6.3    29.9755 1.484821
```

▶ geojson形式での取得と可視化

前述の通り、USGS地震ハザードプログラムのAPIではgeojson形式のデータも提供されています。geojsonは軽量データ記述言語の1種であるJSON(JavaScript Object Notation)に緯度経度を含んだポイントやライン、ポリゴンといった地理的データを付与したフォーマットです。そのため、geojsonフォーマットはRの地理空間系のパッケージにより操作を行うことができます。ここでは一例としてgeojsonとして取得したAPIのリクエスト結果を地図上にマッピングするという処理を実行します。

USGS地震ハザードプログラムのAPIのリクエストをgeojsonで受け取るには、リクエスト時の**format**パラメータの値に"geojson"を指定します。また、文字列として返り値を取得するために**content()**の引数に**as = "text"**を指定する必要があります(指定しない場合は**httr**パッケージがgeojsonの値を自動的に分解したリストクラスのオブジェクトが得られます)。これらのことに注意して、再びUSGS地震ハザードプログラムAPIへのリクエストを実行します。

```
> # formatをgeojsonに変更する
> res <- paste0(base.url, "query") %>%
+   GET(query = list(format    = "geojson",
+                    starttime = "2016-08-01",
+                    endtime   = "2016-08-07",
+                    limit     = "100")) %>%
+   content(as = "text", encoding = "UTF-8")
>
> res %>% substr(1, 100)
```

少々わかりにくいですが、リクエストの返り値を確認するとgeojson形式で取得できていることがわかります。次に文字列となっているgeojsonをRの地理空間関係のオブジェクトへ変換します。geojson文字列を扱うパッケージは多数ありますが、ここでは**rgdal**というパッケージを採用します。詳細は割愛しますが、**rgdal**パッケージには地理空間データを扱うための便利な関数が豊富に備わっています。

rgdalパッケージを環境に読み込んだら、readOGR()により、geojson文字列をSpatialPointsDataFrameオブジェクトとして読み込みます。SpatialPointsDataFrameオブジェクトはS4クラスと呼ばれるオブジェクトの1種で、データの参照形式にスロット(@)を利用するという意味で特殊ですが、標準的なRのクラスであるS3よりは異なる型のデータを含まないようなチェックが有効に機能しています。

```
> # install.package("rgdal")
> library(rgdal)
> df.sp <- readOGR(res, "OGRGeoJSON", stringsAsFactors = FALSE)
> # readOGR()で読み込まれたオブジェクトはS4クラスを持つ
> isS4(df.sp)
> # スロット名の確認
> slotNames(df.sp)
> # 地震データの本体はdataスロットに保存されている
> df.sp@data %>% glimpse()
```

このようにして得たSpatialPointsDataFrameオブジェクトのデータを地図にプロットするため、ggplot2パッケージとmapsパッケージを利用します。ggplot2については本書の中ですでに登場しているので説明は省きます(110ページのコラムを参照)。mapsパッケージはrgdalパッケージと同様、地理空間データを扱うためのパッケージで、その名の通り地図の描画をするのに便利なデータセットと関数を提供します。

```
> library(ggplot2)
> library(maps)
```

まず、ベースとなる地図を描画します。ggplot2::map_data()は地図描画に利用可能なデータを用意する関数で、今回は世界地図を利用したいのでworldを指定します。次にggplot()でworldデータフレームの内容を地図に描画させます。これで下地が準備できました。省略していますが、worldmapをコンソールに入力すると、国境の表示された世界地図、いわゆる白地図が描画されるはずです。

```
> world <- map_data("world")
> worldmap <- ggplot(world, aes(x = long, y = lat, group = group)) +
+   geom_path() +
+   scale_y_continuous(breaks = (-2:2) * 30) +
+   scale_x_continuous(breaks = (-4:4) * 45)
```

地震データを地図に追加します。個々の地震データは1地点で観測されたデータなので、緯度と経度を座標ポイントとして描画します。後は飾りですが、magTypeの値ごとに凡例の形を変更し、大きさを地震の大きさにより表示しています。

```
> worldmap +
+   geom_point(data = as.data.frame(df.sp),
+              aes(x = coords.x1, y = coords.x2,
+                  group = magType,
+                  shape = magType,
+                  size = (mag / 2)))
```

◉アメリカ地質調査所 地震データのマッピング

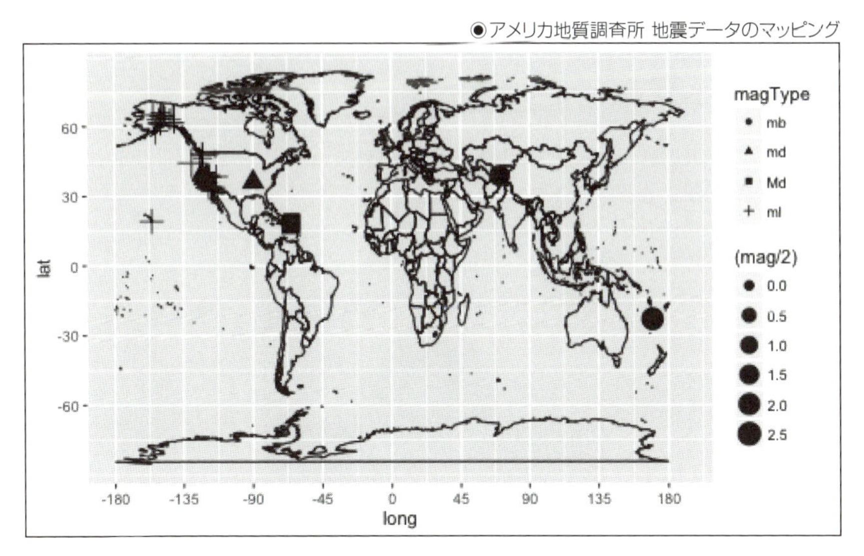

データ数が少ないですが、地震の発生しやすい地域や地域ごとのmagTypeの傾向があるような気がします。興味のある方は、本節で説明したパラメータを調整してご自身でデータを取得してみてはいかがでしょうか。

（瓜生）

Google Cloud Vision APIを利用した画像の内容判定

本節では、Google Cloud Vision APIを例にとって、POSTメソッドを用いた判定系APIの利用方法について説明します。

Google Cloud Vision APIとは

Google Cloud Vision APIとは、Googleが提供しているウェブAPIサービスの1つであり、機械学習を用いて画像の内容を認識するアプリケーションの開発が行えるようになっています。

APIにはLabel Detection（画像に映っている物体を識別）、Text Detection（画像内の文字情報を抽出）など、さまざまなものが用意されています。たとえば、インターネット上でCC0ライセンスで公開されている次の男性の写真（https://github.com/dichika/ojisan）をGoogle Cloud Vision APIのLabel Detectionに送ってみましょう。

◉人物の写真

すると、判定結果として画像のラベルとその確信度スコア（confidence score）が返ってきます。このスコアは0から1までの値をとり、このスコアが高いほど画像のラベルとして確信度が高いといえます。

つまり、この判定結果の場合、personというラベルの確信度が最も高く、speech、speakerというラベルが続いています。

```
        mid description     score
1 /m/01g317      person 0.8996503
2   /m/09x0r      speech 0.7267213
3 /m/02079p     speaker 0.5175984
4 /m/035y33    official 0.5032277
```

本節では、このGoogle Vision APIをRから利用してみます。利用するAPIは先ほども紹介したLabel Detectionと、画像に書かれている文字列を抽出するText Detectionの2つです。いずれのAPIも次の手順で利用できます。

1. APIの仕様を確認し、APIを利用する準備をする。
2. 画像を読み込む。
3. POSTメソッドで判定結果を得る。

それではまずLabel Detectionから利用してみましょう。

Google Vision APIのLabel Detectionを利用する

Google Vision APIのLabel Detectionは画像に映っている物体を判定するサービスです。公式サイトの説明によると、「花や動物、乗り物など、一般的な画像に含まれる数千カテゴリの物体が検知可能」とあります。

また、機能改善が絶えず行われており、新しいアルゴリズムが導入されることで検知の精度を随時向上させているとのことです。

▶ APIの仕様を確認し、APIを利用する準備をする

Google Cloud Vision APIの仕様は公式リファレンス(https://cloud.google.com/vision/docs/)から確認できます。Google Cloud Vision APIを利用する前提としてGoogleアカウントを持っている必要があります。

また、Google Cloud Vision APIは従量課金制の有料サービスですが、無料トライアル枠があり、Label Detectionの場合、1カ月あたり1,000回まで無料で利用できるようになっています。詳しくはhttps://cloud.google.com/vision/docs/pricingの価格表をご確認ください。

それでは、APIを利用する準備を進めましょう。Google Cloud Platformでは、プロジェクトという単位で作業を行います。

プロジェクトをセットアップするには、https://console.cloud.google.com/からGoogle Cloud Platformのコンソールに進み、新しいプロジェクトを作成します。ここでは「Vision」という名前をつけて作成してみましょう。

●新しいプロジェクトを作成

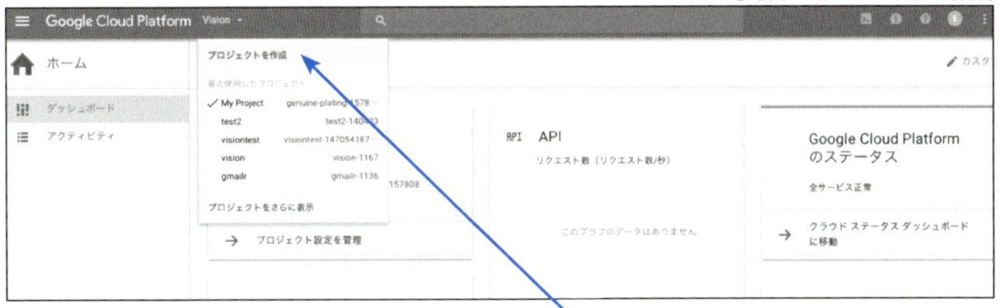

作成したプロジェクトのページに進んで、左上のメニューボタンからAPI Managerに進んでまず「APIを有効にする」をクリックします。その上で、ライブラリから「Google Cloud Vision API」を検索し、有効にします。

●API Manager

有効にした後は、左のメニューの「認証情報」をクリックして、認証情報を作成する画面に進みます。「認証情報を作成」ボタンをクリックして、「APIキー」を選択します。

●APIキーの作成

APIキーが表示されるので、メモしておいてください。

●APIキーの表示

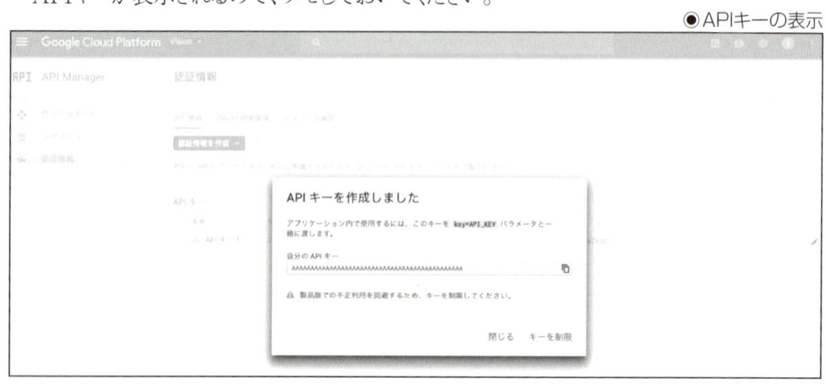

以上でAPIを利用する準備が整いました。

▶ 画像を読み込む

Google Cloud Vision APIの仕様では画像はbase64形式のエンコードが求められています。まずは画像をバイナリ形式で読み込みます。利用する画像は冒頭で紹介した男性の画像です。ここではRに組み込みの`readBin()`を用います。

さて、次にbase64形式のエンコードですが、これはこの後で用いるhttrパッケージが自動的に対応してくれます。

```
> f <- "takayanagisan.png"
> img <- readBin(f, "raw", file.info(f)[1, "size"])
```

▶ POSTメソッドで判定結果を得る

先ほどの画像を`POST()`を用いてリクエストURLに送ることで判定結果が得られます。

Label DetectionのリクエストURLはhttps://vision.googleapis.com/v1/images:annotateとなっています。認証情報はリクエストURLの後、「?key=」に続ける形で指定します。

リクエストの内容については`content`に判定をしたい画像、`features`のうち判定のタイプを`type`で"LABEL_DETECTION"、判定結果を上位10位まで返すために`maxResults`を10とそれぞれ指定します。この際、リクエストはJSONとしてPOSTする必要があるので`POST()`の中で`encode`引数に"json"を指定します。

```
> CROWD_VISION_KEY <- "あなたのキー"
> u <- paste0("https://vision.googleapis.com/v1/images:annotate?key=", CROWD_VISION_KEY)
> body <- list(requests = list(image=list(content=img),
+                              features=list(type="LABEL_DETECTION",
+                                            maxResults=10))
+ )
> library(httr)
> res <- POST(url=u,
+             encode="json",
+             body=body,
+             content_type_json()
+             )
```

取得した結果は文字列に変換した後、jsonliteパッケージを用いてデータフレームのリストに変換します。

このリストのうち、目的とする情報は`responses$labelAnnotations`の中にデータフレームとして格納されています。`person`のスコアが最も高く、その次に`speech`、`speaker`が続いています。今回、利用した画像は、画像を見る限り発表中に撮影されたもののようですが、正しく認識されているようですね。

```
> library(jsonlite)
> res_text <- fromJSON(content(res, as="text"), flatten=TRUE)
> res_text$responses$labelAnnotations
```

```
        mid description     score
1 /m/01g317      person 0.8996503
2  /m/09x0r      speech 0.7267213
3 /m/02079p     speaker 0.5175984
4 /m/035y33    official 0.5032277
```

Google Vision APIのText Detectionを利用する

さて、続いてGoogle Vision APIのText Detectionもご紹介しましょう。これはいわゆるOCRを提供するサービスであり、画像内のテキストを認識し、抽出できます。さらに言語の自動判定も可能であり、幅広い言語に対応しています。

さっそく利用してみましょう。

▶APIの利用準備と画像の読み込み

Text Detectionの利用方法はLabel Detectionとほぼ同様です。Label Detectionを利用する際に取得したAPIキーがそのまま使えます。

今回、テキストを抽出する画像としては次のレシート画像を用意しました。英数字、漢字、ひらがなが入り混ざっています。

◉レシート

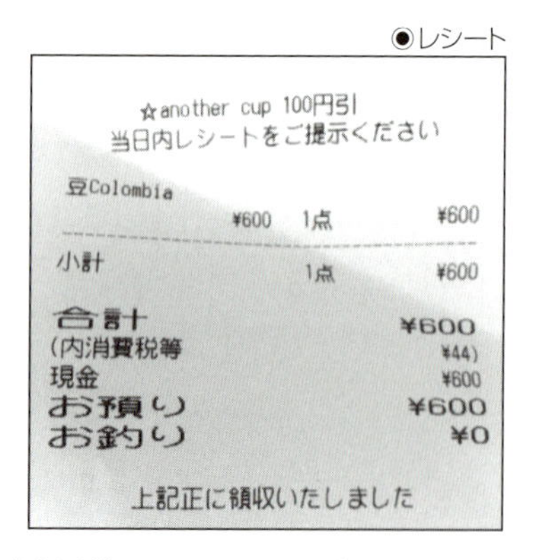

Label Detectionの場合と同様に、`readBin()`を用いてバイナリで画像を読み込みます。

```
> f_receipt <- "receipt.png"
> img_receipt <- readBin(f_receipt, "raw", file.info(f_receipt)[1, "size"])
```

▶ POSTメソッドで判定結果を得る

画像の読み込みが終われば、Label Detectionと同様にPOST()で画像をAPIに送って、判定結果を得ます。APIキーはLabel Detectionを実行する際に取得したものを使ってください。Label Detectionの場合とほとんどコードに変更はありません。1点だけ、featuresにおいてtypeを"LABEL_DETECTION"から"TEXT_DETECTION"に変更してください。

```
> u_receipt <- paste0("https://vision.googleapis.com/v1/images:annotate?key=", CROWD_VISION_KEY)
> body_receipt <- list(requests = list(image=list(content=img_receipt),
+                                      features=list(type="TEXT_DETECTION",
+                                      maxResults=10)
+                                      )
+                          )
> res_receipt <- POST(url=u_receipt,
+                     encode="json",
+                     body=body_receipt,
+                     content_type_json()
+                     )
```

POST()を実行し、Label Detectionのときと同様にhttrパッケージのcontent()およびjsonliteパッケージのfromJSON()を用いて結果を変換します。

結果もLabel Detectionと同様にresponses$textAnnotationsの中にデータフレームの形で格納されています。データフレームにはlocale(テキストの言語)、description(抽出したテキストの内容)、boundingPoly.verices(各テキストが画像内で占める領域:バウンディングボックス)が格納されています。

なお、データフレームの1行目に今回の画像全体の結果が、2行目以降には詳細な結果が格納されています。

```
> res_receipt_text <- fromJSON(content(res_receipt, as="text"), flatten=TRUE)
```

今回、得られた結果の言語を確認してみましょう。

画像全体の言語判定結果を見るには、データフレームのlocale列の1行目を確認します。"ja"という結果になっており、日本語であることがうまく判定できています。

```
> res_receipt_text$responses$textAnnotations[[1]]$locale[1]
```

```
[1] "ja"
```

さらに抽出したテキストの内容も確認しましょう。

画像全体のテキスト抽出結果を見るには、データフレームのdescription列の1行目を確認します。最後に「4) 0 0 0」というレシートにない文字列が含まれている以外は完璧にテキストを抽出できています。

```
> res_receipt_text$responses$textAnnotations[[1]]$description[1]
```

```
"☆another cup 100円引
当日内レシートをご提示ください
豆Colombia
¥600 1点
¥600
小計
1点
#600
合計
¥600
(内消費税等
$44)
現金
¥600
お預り
¥600
お釣り
¥0
上記正に領収いたしました
4) 0 0 0
```

最後に

本節では、Google Cloud Vision APIを例にとって、POSTメソッドを用いた判定系APIの利用方法について説明してきました。

Google Cloud Vision APIを用いることで、今回利用したLabel Detection、Text Detectionの他にもさまざまな判定サービスが利用できます。

無料で利用できる範囲に制限はありますが、他のサービスもぜひ利用してみてください。

（市川）

SECTION-027

GitHub

GitHub（https://github.com）は、バージョン管理システムの1つであるGitの機能を提供するプラットフォームであり、ソフトウェアやアプリケーションの開発で広く使われているSNSです。近年ではGitHub上でRのパッケージ開発が行われることも多いです。GitHubではRESTfulなAPIが提供されており、サービスに関連するさまざまな情報をAPI経由で取得することができます。

本節では、GitHub APIを利用したGitHubの操作や情報取得を行います。なお、本書執筆時点においてGitHub APIのバージョンはv3となります（https://developer.github.com/v3/）。GitHub APIはRESTに準拠したAPIであり、ドキュメントもよく整備されていることからもAPIの構造は理解しやすいと思います。

GitHub APIを使うための準備

GitHubにはユーザー本人や許可を与えた別のユーザだけが閲覧できる非公開の情報と、利用者を問わず閲覧や編集を行える公開のコンテンツがあります。そのため、GitHub APIでもユーザ認証が必要なサービスと、認証なしでも利用できるサービスとがあります。たとえば、公開レポジトリに関連する情報やユーザ情報は認証を利用せずに取得できます。一方でユーザー宛の通知や非公開レポジトリの情報の閲覧には認証が必要となります。

▶認証

認証はBasic認証でユーザ名とパスワードを渡す方法とユーザー用のアクセストークンを使う方法があります。ここでは個人ユーザーのアクセストークンを使う方法を説明します。

個人ユーザーのアクセストークンは、GitHubにログインした状態で個人設定のPersonal access tokens（https://github.com/settings/tokens）というページから生成することができます。右上の「Generate new token」というボタンをクリックすると、トークンの設定を行うページに進みます（確認のためにパスワードの入力を求められることもあります）。

●Personal access tokens

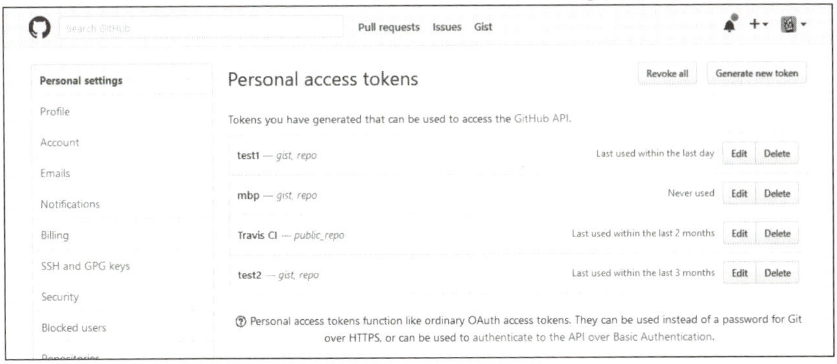

「Token description」にはこのトークンの説明を記入します。このトークンが何に使われるものなのか、あとから自分で見て思い出せるようなメモを書きましょう(例：RからAPIを使うテスト)。「Select scopes」は、このトークンが持つ権限を指定します。権限については後ほど説明するので、ここは「repo」「notifications」「user」の3つをONにします。設定が終われば、下の方にある「Generate token」ボタンをクリックしてください。

●トークンの作成

New personal access token

Personal access tokens function like ordinary OAuth access tokens. They can be used instead of a password for Git over HTTPS, or can be used to authenticate to the API over Basic Authentication.

Token description

RからAPIを使うテスト

What's this token for?

Select scopes

Scopes define the access for personal tokens. Read more about OAuth scopes.

☑ **repo**	Full control of private repositories
☑ repo:status	Access commit status
☑ repo_deployment	Access deployment status
☑ public_repo	Access public repositories
☐ **admin:org**	Full control of orgs and teams
☐ write:org	Read and write org and team membership
☐ read:org	Read org and team membership
☐ **admin:public_key**	Full control of user public keys
☐ write:public_key	Write user public keys
☐ read:public_key	Read user public keys
☐ **admin:repo_hook**	Full control of repository hooks
☐ write:repo_hook	Write repository hooks
☐ read:repo_hook	Read repository hooks
☐ **admin:org_hook**	Full control of organization hooks
☐ **gist**	Create gists
☑ **notifications**	Access notifications
☑ **user**	Update all user data
☑ user:email	Access user email addresses (read-only)
☑ user:follow	Follow and unfollow users
☐ **delete_repo**	Delete repositories
☐ **admin:gpg_key**	Full control of user gpg keys (Developer Preview)
☐ write:gpg_key	Write user gpg keys
☐ read:gpg_key	Read user gpg keys

Generate token　Cancel

トークン生成のボタンをクリックすると、ONにした権限が付与されたトークン文字列が生成されます。APIの利用に必要となりますので忘れずに控えておきましょう。説明や権限範囲の設定は後で変えることができますが、生成されたトークンは生成直後しか確認できないからです。

▶APIの利用上限

GitHubのAPIは、1時間あたりに利用できる回数に上限が設定されています。認証を行わないで利用する場合、利用回数はかなり制限されるので注意しましょう。利用回数が多くなる場合は認証方式の利用を検討してください。

認証の有無	検索API(search)	その他のAPI(core)
認証なし	10回	60回
認証あり	30回	5000回

利用中のAPIで上限までの残り回数はrate limit APIで確認することができます。実際に確認してみましょう。まず、認証を用いない方法でhttps://api.github.com/rate_limitにGETリクエストを投げてみます。

GitHub APIはhttps://api.github.comというURLをエンドポイントとして利用します。`GET()`の引数URLにこのエンドポイントを与えます。また、リクエストするAPIの種類が"rate_limit"であるため、これを`path`引数に与えましょう。

```
> library(httr)
> res_no_auth <- GET(url = "https://api.github.com/",
+                    path = "rate_limit")
> content_no_auth <- content(res_no_auth)
> str(content_no_auth$resources)
```

```
List of 2
 $ core  :List of 3
  ..$ limit    : int 60
  ..$ remaining: int 59
  ..$ reset    : int 1478219659
 $ search:List of 3
  ..$ limit    : int 10
  ..$ remaining: int 10
  ..$ reset    : int 1478217586
```

実行結果を`str()`で確認してみると`core`と`search`という2つのリストに値が格納されていることがわかります。ここでの`search`は検索APIを指し、`core`の内容はその他のAPIの利用状況を表示しています。それぞれのリストで`limit`という要素がリクエスト上限値で、`remaining`が1時間以内にあと何回使えるかを示しています。ちなみにrate_limit APIへのリクエストは、回数制限にカウントされません。上限が設定されているのは一定期間内での同一のIPアドレスによる大量の処理を防ぐための機構となっており、上限を超えると警告が返ってきます。`reset`は利用回数のカウントがリセットされる時刻(1970年からの秒数)です。Rでは次の関数の実行により、日時形式に変換することができます。

```
> as.POSIXct(content_no_auth$resources$core$reset, origin = "1970-01-01", tz = "Asia/Tokyo")
```

```
[1] "2016-11-04 09:34:19 JST"
```

次に認証を行った状態で同じAPIにリクエストを投げてみましょう。先ほどは**GET()**の引数にURLとpathを指定しましたが、今回は認証に関する情報をヘッダとして追加します。**add_header()**に**Authorization**と"token XXXXXXX"(XXXXXXXは先ほどメモした個人用アクセストークン)をペアにして指定します。なお、ここでは紹介しませんが、認証情報はヘッダではなくクエリパラメータとして渡す方法もあります。

```
> # ヘッダに認証情報を与える場合
> res_authorized <- GET("https://api.github.com/",
+                       path = "rate_limit",
+                       add_headers(`Authorization` =
+                                   "token 1234567890abcdef1234567890abcdef12345678"))
>
> # クエリパラメータにトークンを指定する場合
> # res_authorized <- GET("https://api.github.com/",
> #                       path = "rate_limit",
> #                       query = list(access_token =
> #                                    "1234567890abcdef1234567890abcdef12345678"))
>
> content_authorized <- content(res_authorized)
> str(content_authorized$resources)
```

```
List of 3
 $ limit    : int 5000
 $ remaining: int 5000
 $ reset    : int 1471403771
```

limitが先ほどと比べて増えていますね。短時間に多数のリクエストをGitHub APIに投げる場合はこのように認証を使う必要があります。

APIの利用と取得データの操作

続いて別のAPIサービスを利用してみましょう。GitHub APIでは、ユーザーの活動記録やリポジトリに関する情報を取得したり、GitHubのデータをリクエストにより編集することが可能となっています。Rを用いたAPIへのリクエストの手順はこれまでに示した通りですが、ここでは、取得データの操作方法を説明します。Rの関数を利用することで、目的の情報を抽出したり、グラフにデータを示すことが可能となります。

エンドポイントやアクセストークンはGitHub APIの利用時に共通して指定する値ですので、あらかじめ、オブジェクトとしてその値を保存しておくとよいでしょう。

```
> base.url <- "https://api.github.com/"
> token <- "1234567890abcdef1234567890abcdef12345678"
```

▶ Events API

Events APIでは対象ユーザーの活動情報を取得することができます。APIのパスに"/users/:username/events"を指定します。ここで:usernameを対象のユーザーアカウントに変更します。次の例はEvents APIを利用して、RStudioのチーフサイエンティストであり、httrパッケージをはじめとした多くのRパッケージ開発に携わるHadley WickhamのGitHubでの活動情報の取得です。

```
> library(magrittr)
> res <- GET(base.url,
+            path = "/users/hadley/events",
+            query = list(access_token = token)) %>%
+   content()
```

取得した情報を確認してみます。レスポンスをcontent()で取得すると、結果がリストとして出力されます。まずはどのような情報が含まれているかを確認してみましょう。Events APIでは、1回のリクエストで取得可能な件数の上限が30件分のデータとなっていますが、リクエスト時にper_pageパラメータを指定すれば取得件数を調整できます。また、解説は省きますが、pageパラメータで取得範囲を指定できます。

```
> # 30件分のイベントが取得される
> length(res)
```

```
[1] 30
```

```
> # 1件分のデータだけを取り出して、要素名を取得する
> res %>% extract2(1) %>%
+   str(max.level = 1) %>% names()
```

```
List of 7
 $ id        : chr "4812454718"
 $ type      : chr "IssuesEvent"
 $ actor     :List of 6
 $ repo      :List of 3
 $ payload   :List of 2
 $ public    : logi TRUE
 $ created_at: chr "2016-11-03T17:20:29Z"
```

```
NULL
```

結果を見ると、リストの中にさらにリストが含まれていることがわかります。こうした深い階層の奥から値を取り出すには、purrrパッケージの`map()`が有効です。`map()`はベクトルの各要素に任意の関数を処理する`apply()`のような振る舞いをする関数です。つまり、オブジェクトの要素名を`map()`に渡すことで、対象の要素名のオブジェクトを取得できます。今回は、`map()`で取得する値のデータ型を指定できる`map_*()`を利用します。ここで`*`にはデータ型を補います。そうすることでオブジェクトの要素名から文字列、真偽値といった形式で返り値を得ることが可能になります。

```
> install.packages("purrr")
```

```
> library(purrr)
>
> # イベントのタイプを確認する
> res %>% map_chr("type")
```

```
 [1] "IssuesEvent"        "IssueCommentEvent" "IssuesEvent"
 [4] "IssueCommentEvent" "IssuesEvent"        "IssueCommentEvent"
 [7] "IssuesEvent"        "IssueCommentEvent" "IssuesEvent"
[10] "IssueCommentEvent" "IssuesEvent"        "IssueCommentEvent"
[13] "PullRequestEvent"  "IssueCommentEvent" "IssuesEvent"
[16] "IssueCommentEvent" "IssuesEvent"        "IssuesEvent"
[19] "IssueCommentEvent" "IssuesEvent"        "IssueCommentEvent"
[22] "IssuesEvent"        "IssueCommentEvent" "IssuesEvent"
[25] "IssueCommentEvent" "IssuesEvent"        "IssueCommentEvent"
[28] "IssueCommentEvent" "IssuesEvent"        "IssueCommentEvent"
```

```
> # すべてのイベントがpublicなものである
> res %>% map_lgl("public")
```

```
 [1] TRUE TRUE TRUE TRUE TRUE TRUE TRUE TRUE TRUE TRUE TRUE TRUE TRUE TRUE
[15] TRUE TRUE TRUE TRUE TRUE TRUE TRUE TRUE TRUE TRUE TRUE TRUE TRUE TRUE
[29] TRUE TRUE
```

```
> res %>% map("actor") %>%
+   extract2(1)
```

```
$id
[1] 4196

$login
[1] "hadley"

$display_login
[1] "hadley"
```

```
$gravatar_id
[1] ""

$url
[1] "https://api.github.com/users/hadley"

$avatar_url
[1] "https://avatars.githubusercontent.com/u/4196?"
```

▶ Repositories API

GitHubでは、Rのパッケージもリポジトリとして多数開発されています。そこでRepositories APIを利用し、先ほどの例に引き続きHadleyのリポジトリに関する情報を取得してみましょう。今回は**per_page**パラメータに値を指定し、取得する件数を100件に設定しました。

```
> res <- GET(base.url,
+     path = "/users/hadley/repos",
+     query = list(access_token = token, per_page = 100)
+     ) %>%
+   content()
```

取得したデータには、GitHub上のリポジトリURLや、issues（挙げられている課題や問題）の件数などが含まれます。

これらはいくつかの階層を持つリストですが、同じ階層の要素は**map_df()**によりデータフレームとして取り出すことができます。

```
> # 要素名を確認する
> res %>% extract2(1) %>% names()
```

```
 [1] "id"                "name"              "full_name"
 [4] "owner"             "private"           "html_url"
 [7] "description"       "fork"              "url"
[10] "forks_url"         "keys_url"          "collaborators_url"
[13] "teams_url"         "hooks_url"         "issue_events_url"
[16] "events_url"        "assignees_url"     "branches_url"
[19] "tags_url"          "blobs_url"         "git_tags_url"
[22] "git_refs_url"      "trees_url"         "statuses_url"
[25] "languages_url"     "stargazers_url"    "contributors_url"
[28] "subscribers_url"   "subscription_url"  "commits_url"
[31] "git_commits_url"   "comments_url"      "issue_comment_url"
[34] "contents_url"      "compare_url"       "merges_url"
[37] "archive_url"       "downloads_url"     "issues_url"
[40] "pulls_url"         "milestones_url"    "notifications_url"
[43] "labels_url"        "releases_url"      "deployments_url"
[46] "created_at"        "updated_at"        "pushed_at"
```

```
[49] "git_url"           "ssh_url"           "clone_url"
[52] "svn_url"           "homepage"          "size"
[55] "stargazers_count"  "watchers_count"    "language"
[58] "has_issues"        "has_downloads"     "has_wiki"
[61] "has_pages"         "forks_count"       "mirror_url"
[64] "open_issues_count" "forks"             "open_issues"
[67] "watchers"          "default_branch"    "permissions"
```

```
> # 要素名を参照し、データフレームとして扱えるようにする
> df.repo <- res %>% map_df(~ .[c("name", "created_at", "size", "stargazers_count")])
```

これにより出力がデータフレームになりましたので、dplyrパッケージで操作してみましょう。まず、glimpse()で先ほどデータフレームとした変数名とデータの一部を確認します。これによると、リポジトリの作成日を示すcreated_atという変数が文字型として扱われていますので、これをmutate()を使って日付・時間型に変換しましょう。また、評価数stargazers_countが80以上のものを抽出するため、filter()による処理を実行します。ここで評価とは、GitHubユーザーのお気に入りであったり、注目度を示したものだと考えてください。

```
> library(dplyr)
> df.repo %>% glimpse()
```

```
Observations: 100
Variables: 4
$ name             <chr> "15-state-of-the-union", "15-student-papers",...
$ created_at       <chr> "2015-08-09T03:22:26Z", "2015-08-11T13:51:29Z...
$ size             <int> 4519, 2956, 490, 11525, 105, 364, 32470, 5740...
$ stargazers_count <int> 24, 13, 0, 847, 5, 68, 42, 8, 4, 248, 5, 10, ...
```

```
> df.repo %<>% mutate(created_at = as.POSIXct(created_at)) %>%
+   filter(stargazers_count >= 80)
```

最後に、情報を可視化してみます。Hadley Wickhamのリポジトリのユーザー評価を散布図にしてみます。

```
> library(ggplot2)
> library(ggrepel)
> # リポジトリ名が評価数順に並ぶように並び替える
> sort.name <- with(df.repo, reorder(name, stargazers_count, median))
> df.repo %>% ggplot(aes(sort.name, stargazers_count)) +
+   geom_point(aes(size = size)) +
+   geom_text_repel(aes(label = sort.name)) +
+   theme(axis.text.x = element_blank()) +
+   xlab("repository")
```

下図で横軸はレポジトリ名、また縦軸に評価数を示しています。プロット中の黒い円のサイズは、リポジトリに含まれるファイルサイズの大きさを表しています。

◉Hadley Wickhamの人気リポジトリ

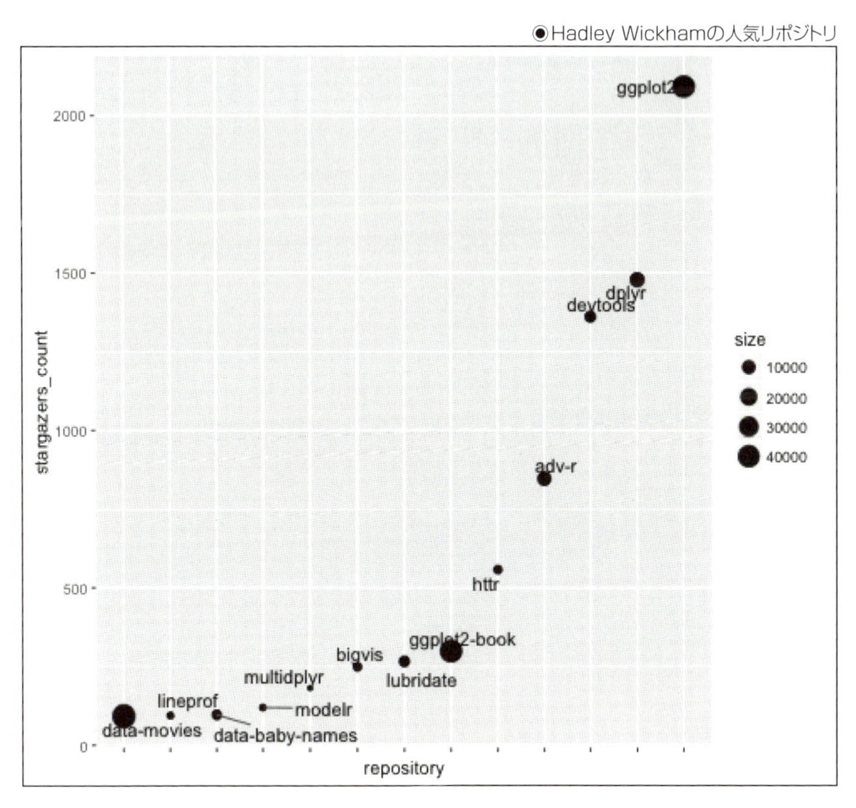

（瓜生、湯谷）

COLUMN 関数型プログラミングとpurrrパッケージ

これまでに扱ってきたapply()やsapply()などのapply族関数は高階関数と呼ばれる、関数を引数に持つ関数の仲間です。Rではこうした「関数型プログラミング言語」の特徴を備えた高階関数としてこの他にMap()やReduce()が実装されています。

purrrパッケージはR言語における関数型プログラミングの機構を補うためのパッケージであり、その設計思想はunderscore.js(http://underscorejs.org/)などのJavaScriptで普及している関数型プログラミングのためのライブラリを背景としています。R標準の高階関数であるMap()やReduce()は第1引数が処理内容の関数を指定し、第2引数に対象のリストを指定しますが、purrrパッケージでは第1引数の値がリストとなるので、%>%演算子を活用した処理とも親和性が高いのも特徴です。purrrの読み方にはさまざまな意見がありますが、純粋な関数型プログラミングを遂行するための意味を込めて"pure r"をもじっているというのがもっともらしい理由でしょう。

purrrパッケージの働きを見る前に、まずは標準の高階関数を利用した処理を見てみましょう。次の例は、R標準の高階関数を用いてリストの各要素から平均値を求める処理です。

```
> # 3つの要素をもつリストを作成する
> l <- list(x = 1:3, y = 5:7, z = c(TRUE, FALSE, NA))
> lapply(l, FUN = mean)
```

```
$x
[1] 2

$y
[1] 6

$z
[1] NA
```

```
> Map(mean, l)
```

```
$x
[1] 2

$y
[1] 6

$z
[1] NA
```

purrrパッケージにおける高階関数の1つにmap()があります。この関数は、標準関数のMap()を小文字で表記したものであり、Map()やlapply()と同じく、引数に与えた関数の処理を対象のリスト(あるいはデータフレーム)の要素に処理を実行します。

```
> library(purrr)
>
> l %>% map(mean)
```

```
$x
[1] 2

$y
[1] 6

$z
[1] NA
```

map()の返り値は常にリストです。これを特定の型からなるベクトルで返すにはmap_int()、map_chr()といった関数を利用します。こうした厳密なデータ型の指定はプログラミングの副作用を抑制する機構として効果的です。

```
> l %>% map_dbl(mean) # 返り値は実数のベクトル
```

```
 x  y  z
 2  6 NA
```

```
> l %>% map_chr(mean) # 文字列として返り値を得る
```

```
         x          y          z
"2.000000" "6.000000"         NA
```

関数の中で利用される引数を指定するには、apply()と同じく対象の関数の引数として渡すのではなくmap()の引数として実行させます。次の例ではmean()の、欠損値を取り除くためのna.rm引数にTRUEを指定して欠損値を除外した際の平均値を算出します。

```
> l %>% map_dbl(mean, na.rm = TRUE)
```

```
  x   y   z
2.0 6.0 0.5
```

```
> # 通常の関数のようには利用できない
> l %>% map_dbl(mean(na.rm = TRUE))
> # Error in mean.default(na.rm = TRUE) :
> #   argument "x" is missing, with no default
```

purrrパッケージにはmap_int()のようにmap()から派生した関数が豊富にあり、データに応じて柔軟な処理を実行可能になります。こうしたmap()を利用した処理内容の明確化と副作用の抑制は、コードを簡潔に記述できるという点とメンテナンスに優れるという点があります。map()の使用例をもう1つ示します。次の例はリストに含まれる要素の文字数を数えるという簡単な処理です。対象の指定の方法によって結果が異なります。

```
> name.holder <- list(list(Last = c("Motohiro", "Daisuke", "Hiroaki", "Shinya"),
+                          First = c("Ishida", "Ichikawa", "Yutani", "Uryu")))
>
> name.holder %>% map(nchar, type = "width")
```

```
[[1]]
 Last First
   45    41
```

```
> # 要素名を参照し、特定の要素について実行するには次のようにする
> name.holder %>% map("Last") %>%
+   map(nchar, type = "width")
```

```
[[1]]
[1] 8 7 7 6
```

```
> # flatten()は階層性のあるリストから、1段浅い階層に引き上げる処理を実行する
> name.holder %>% flatten() %>%
+   map(nchar, type = "width")
```

```
$Last
[1] 8 7 7 6

$First
[1] 6 8 6 4
```

```
> # リストの要素を参照し、データフレームとして値を格納する
> name.holder %>%
+   map_df(~ .[c("First", "Last")])
```

```
# A tibble: 4 × 2
     First     Last
     <chr>    <chr>
1   Ishida Motohiro
2 Ichikawa  Daisuke
3   Yutani  Hiroaki
4     Uryu   Shinya
```

CHAPTER 05 API実践

```
> # 前述の例は ~ (チルダ記号)を無名関数のエイリアスとして記述したもの
> name.holder %>% map_df(
+   function(x) {
+     x[c("First", "Last")]
+     })
```

関数型プログラミングでは対象がリストであることが多く、flatten()のようにリストの操作を実行する関数が備わっています。

関数	返り値
map()	リスト
map_lgl()	真偽値
map_chr()	文字列
map_int()	整数値
map_dbl()	実数値
map_df()	データフレーム

このため、本書の中で扱うAPIの取得結果を操作するためにpurrrパッケージは有効な手段となるでしょう。また、R言語の関数型プログラミングの詳細については、『R言語徹底解説』(H.ウィッカム著、石田基広・市川太祐・高柳慎一・福島真太朗訳、共立出版)が参考となります。

(瓜生)

オープンデータの活用

オープンデータとは、公共機関などが蓄積したデータを公開し、一般の企業や団体、あるいは個人による自由な活用を通して、情報公開や産業育成を目標とした取り組みのことです。

オープンデータのポータルサイトでは、ExcelないしCSV形式でデータがサイトから自由にダウンロードできるようになっているため、ここまでの章で解説した技法は必ずしも必要ではありません。しかしながら、Rからネット経由でファイルを取得して活用するという作業の流れ自体は同じといえます。

オープンデータの事例

国や地方自治体、公益企業等が保有するデータを、公開元が定める条件のもとで第三者が利用できるような形式で提供する**オープンデータ**の整備が進んでいます。たとえば、国勢調査などの大規模な情報がオープンデータとして提供されることで、調査の重要性への理解の促進や、二次利用による産業面での効果が期待されます。オープンデータ同士を組み合わせることで、これまで明らかになっていなかった情報の発見につながる可能性もあります。

一方でオープンデータを利用する際に生じる問題の1つは、オープンデータ自体が発見しにくいことです。それはデータの公開元が行政単位でまちまちであったりすることに由来します。こうした課題を解決する1つの手段としてオープンデータの一覧をまとめて情報を発信するポータルサイトを利用するのが有効です。たとえば、第5章でも取り上げたe-Statは各種の統計データを探すのに適しています。また、オープンデータの情報を発信するサイトとしてはデータカタログサイト(http://www.data.go.jp/)は総務省行政管理局が運用するオープンデータに係る情報ポータルサイトであり、日本国内各府省の保有データを横断的に検索、データのダウンロードが可能となっています。また、LinkData(http://linkdata.org/)ではオープンデータを登録・検索・利用することが可能となっており、地方自治体や企業から個人までのさまざまなデータが公開されており、分散するオープンデータを管理し、より扱いやすいようにするという働きも出てきています。

オープンデータの種類と利用しやすさ

オープンデータは、しばしばWWWの父ことティム・バーナーズ=リー氏によって提唱された、5-star OPEN DATA(http://5stardata.info/en/)と呼ばれる5段階指標とそのデータ形式によってその利用しやすさが評価されます。オープンデータの利用しやすさとは、機械および人間が判読可能な状態を指しています。ここでの評価は1つの指標であり絶対的なものではないので注意が必要ですが、オープンデータを利用したデータ分析を行う際のデータファイルの利用しやすさを判断する基準としては便利な指標です。

5-star OPEN DATAによるオープンデータの利用しやすいさの順は段階ごとにPDF、Excel、CSV、RDF、LODとなっています。それぞれの段階を見てみると、まずはオープンライセンスの元での公開が挙げられていて、これはデータの形式よりもその利用方法を定める段階を意味します。PDFがその例として挙げられていますが、PDFからのデータ取得はハードルが高いでしょう。詳細は述べませんが、Rでは**pdftools**や**tabulizer**といったパッケージを利用することで、その障害に対する改善が期待されます。2段階目、3段階目では表形式のバイナリファイル、テキストファイルが例として挙げられます。ここではデータが環境を選ばずに誰もが利用できる状態を目指します。4段階目からは、データを参照できるようなURLの定義が求められます。URLがあることで、第三者がオープンデータの公開元を参照し、二次利用が容易になります。

- オープンライセンスの元でのデータの公開: PDF
- コンピュータで処理可能なデータで公開: Excel
- オープンに利用できるフォーマットで公開: CSV
- ウェブ標準(RDFなど)のフォーマットでデータ公開: HTML、RDF
- 4段階が外部連携可能な状態でデータを公開: LOD

ライセンス

インターネット上のコンテンツやソースコードには、書籍や映画作品のように著作権があります。オープンデータでに関しても、それは同様で、コンテンツあるいはデータに対して二次利用を行う場合に著作権者のライセンスを尊重する必要があります。一方でオープンデータには個々のデータに利用の範囲を定めた規約が与えられています。利用者は規約条件に従うことで、データを取り扱うことができます。ここでは、こうした規約の種類を紹介し、利用時の注意点についてまとめます。

▶クリエイティブコモンズ

クリエイティブコモンズ(creative commons)は、インターネット上の作品や著作物について、作者が自ら利用条件や表示する項目について意思表示を行うためのプロジェクトです。クリエイティブコモンズの利用は著作物の作者および利用者の双方に利点があります。作者にとっては、作者自身が二次利用における基準を設けることで作品の不正な利用を防ぎ、作品の認知度や新たな作品の誕生を支援するというものであり、利用者は作者の設定したクリエイティブコモンズライセンスに基づいた「わかりやすく統一的で状況に応じた」利用が可能になるということです。

クリエイティブコモンズライセンスには配布される作品やデータの利用条件として4つの状況を想定しており、これらを組み合わせた6通りのライセンスが用意されています。最も自由度の高い利用条件として「表示」があり、「表示」はすべてのライセンスについて与えられます。各ライセンスの詳細は次のようになっています。

ライセンス	説明
表示	作品の原作者の氏名、作品タイトルなどを「表示」することを主な条件とする。改変や営利目的での二次利用も許される
表示 - 継承	「表示」に加え、改変や営利目的での二次利用も許されるが、再配布には「表示 - 継承」のライセンスで公開する必要がある
表示 - 改変禁止	「表示」によって作品を営利目的であっても利用可能であるが、作品に対して変更を加えることは許されない
表示 - 非営利	作品の原作者の氏名、作品タイトルなどを「表示」し、かつ利用目的が非営利である場合に使用を許される
表示 - 非営利 - 継承	利用は非営利に限り、「表示」およびライセンスの「継承」が条件となる
表示 - 非営利 - 改変禁止	利用は非営利に限り、作品に変更を加えない「表示」での利用にのみ許される

(瓜生)

身近なオープンデータ

ここでは身近なオープンデータの例として、横浜市のオープンデータと日本郵便株式会社が提供している郵便番号のデータを利用してみましょう。

横浜市のオープンデータ: 区別将来人口推計

「よこはまオープンデータカタログ」(http://www.city.yokohama.lg.jp/seisaku/seisaku/opendata/catalog.html)では、クリエイティブコモンズの「表示」に従った形式で、再利用が可能なコンテンツが提供されています。また、このページにはオープンデータの目録として、利用可能なデータの一覧がまとめられているので、ページの情報を確認することで利用するデータを探すことが可能です。オープンデータを利用する前に、まずはRを使って一覧を取得し、どのようなデータが公開されているのかを確認してみましょう。

```
> library(rvest)
> # データ操作のためにmagtittr, dplyrを読み込む
> library(magrittr)
> library(dplyr)

> # read_htmlによって「よこはまオープンデータカタログ」のページにアクセスし、HTMLを取得する
> # html_tableでテーブルタグの内容を抽出する
> df.table <- read_html("http://www.city.yokohama.lg.jp/seisaku/seisaku/opendata/catalog.html") %>%
+   html_table(header = TRUE) %>%
+   extract2(1) # 第一番目のtable要素の内容を取得する

> # データフレーム化したテーブルの一部を確認する
> head(df.table)
```

```
                      データ名 データ形式          掲載ページ
1   男女別人口及び世帯数－行政区        CSV  OPEN DATA 統計横浜
2       年齢、男女別人口－行政区        CSV  OPEN DATA 統計横浜
3     男女別人口及び世帯数－町丁        CSV  OPEN DATA 統計横浜
4         年齢、男女別人口－町丁        CSV  OPEN DATA 統計横浜
5             外国人人口－行政区        CSV  OPEN DATA 統計横浜
6 従業者数4人以上の事業所－町丁        CSV  OPEN DATA 統計横浜
            所管部署
1 政策局統計情報課
2 政策局統計情報課
3 政策局統計情報課
4 政策局統計情報課
5 政策局統計情報課
6 政策局統計情報課
```

```
                                              備考
1 推計人口(直近の国勢調査結果を基に、出生・死亡・転出入等を加減した現在の人口)
2 推計人口(直近の国勢調査結果を基に、出生・死亡・転出入等を加減した現在の人口)
3                                 登録者数(住民基本台帳に基づく人口)
4                                 登録者数(住民基本台帳に基づく人口)
5                                     住民基本台帳に基づく外国人人口
6      工業統計調査結果に基づく、事業所数、従業者数、製造品出荷額等、付加価値額
```

先ほど取得したよこはまオープンデータカタログの中に「区別将来人口推計」というデータがあります。データ形式を確認してみると、エクセルファイルによる公開となっています。このファイルをRで利用するには、ファイルをダウンロードする必要がありますが、rioというパッケージを用いることでウェブ上のファイルを直接、R上に読み込むことができるので、今回はそれを利用することにしましょう。

```
> df.table %>% filter(grepl("区別将来人口推計", データ名))
```

```
          データ名 データ形式      掲載ページ      所管部署
1 区別将来人口推計       Excel  調査季報 175号  政策局政策課
                         備考
1 調査季報175号の掲載図表データ
```

```
> # 区別将来人口推計(xls)
> # http://www.city.yokohama.lg.jp/seisaku/seisaku/chousa/kihou/175/data.html
> library(rio)
> # ファイルを読み込み、必要な列だけを選択する
> df.pop.forcast <- import("http://www.city.yokohama.lg.jp/seisaku/seisaku/
+                               chousa/kihou/175/opendata/kihou175-p15-z6.xls",
+                    skip = 5)
```

取得したデータの一部をhead()により出力してみます。なお、このデータには区を表す列には列名が与えられていなかったため、ここではWardという列名を与えました。

```
> df.pop.forcast %<>% select(Ward = `NA`, everything())
> head(df.pop.forcast)
```

```
    Ward 2010年 2015年 2020年 2025年 2030年 2035年
1  港北区 329471 341833 352538 361791 370003 376948
2  青葉区 304297 308861 311409 311688 310038 306334
3  鶴見区 272178 280130 285906 290002 293286 295207
4  戸塚区 274324 277684 278826 277573 273773 268959
5  都筑区 201271 213494 225830 239063 252598 265851
6 神奈川区 233429 240450 246065 250571 255063 258939
```

このデータは、横方向に5年間ごとの将来人口の値が記録されているようです。こうしたデータは本質的には同じ変数を複数の列に分割しているものなので、変数の水準名とその値をそれぞれ独立させた2列にまとめることが可能です。こうしたデータの変換を横長(横持ち)データからの縦長(縦持ち)データへの変形と呼びます。横長データはデータ入力やデータの確認をするには便利かもしれませんが、統計ソフトで処理するには必ずしも適切なフォーマットとは言えません。たとえば、ある値以上の項目を抽出したいというときには、値が複数の列にまたがっていると処理が困難です。今回のような年のデータや性別を扱う変数など、性質の等しいデータが複数の列に分けられている場合には、データ処理の観点からは1つの変数にまとめてしまうのが適切です。

実際に横長データを縦長データに変換するにはtidyrパッケージの`gather()`を用いて次のような処理を行います。`year`という列が元の変数名を示し、`value`にその値、つまり将来人口の値を記録した形式になっています。

```
> library(tidyr)
> df.pop.forcast %<>% gather(year, value, -Ward)
> head(df.pop.forcast)
```

```
      Ward    year   value
1   港北区  2010年  329471
2   青葉区  2010年  304297
3   鶴見区  2010年  272178
4   戸塚区  2010年  274324
5   都筑区  2010年  201271
6 神奈川区  2010年  233429
```

このデータをggplot2パッケージにより可視化します。横軸で2010年から2035年までの推移を、縦軸で人口数を示しています。各線は横浜市内の区をそれぞれ表します。

```
> library(ggplot2)
> # 日本語フォントを表示させるための設定
> quartzFonts(YuGo = quartzFont(rep("IPAexGothic", 4)))
> theme_set(theme_classic(base_size = 12, base_family = "IPAexGothic"))
> df.pop.forcast %>%
+   ggplot(aes(year, value, group = Ward, color = Ward)) +
+   geom_line() +
+   xlab("年") + ylab("将来人口") +
+   ggtitle("横浜市 区別将来人口推計")
```

●横浜市オープンデータ区別将来人口の推計

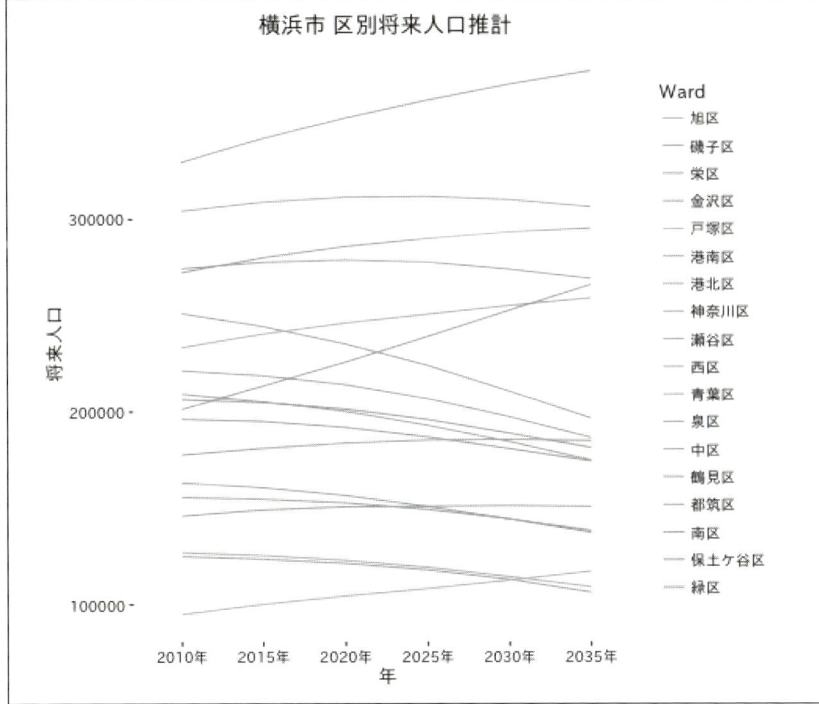

Ⅲ 郵便局

日本郵便株式会社が運営するウェブサイト(http://www.post.japanpost.jp/)では、サービスの一環として住所の郵便番号や事業所の郵便番号データをダウンロード可能なコンテンツとして提供しています。ここでは、これらの郵便番号データの中から「住所の郵便番号(ローマ字)」をRでダウンロードし、利用しやすい形式に変形させるところまでを解説します。

今回は対象のファイルが圧縮ファイルとして提供されているので、`download.file()`によるファイルダウンロードを実行したファイルを`unzip()`により解凍するという処理をします。次のコードを実行することで、「ken_all_rome.zip」という名称で圧縮ファイルをダウンロードし、現在のディレクトリ内で解凍します。

```
> download.file(url      = "http://www.post.japanpost.jp/zipcode/dl/roman/ken_all_rome.zip",
+               destfile = "ken_all_rome.zip")
> unzip(zipfile = "ken_all_rome.zip", overwrite = TRUE)
> # 解凍したファイルの存在を確認します
> path2file <- list.files(getwd(), pattern = ".csv$", full.names = TRUE, ignore.case = TRUE)
> path2file
> # [1] KEN_ALL_ROME.CSV
```

解凍したファイルをreadrパッケージによって読み込みます。このファイルのエンコードはCP932であるため、環境によっては文字化けが発生します。そのため、locale引数にlocale()を利用してこの問題を解決しましょう。また、変数名も以降の操作を簡便に行うために任意のものに変更しておきます。

```
> library(readr)
```

```
> df.address <- read_csv("KEN_ALL_ROME.CSV",
+                        locale = locale(encoding = "cp932"),
+   col_names = c("郵便番号", "都道府県名", "市区町村名", "町域名",
+                 "都道府県名roman", "市区町村名roman", "町域名roman"))
```

取得したデータを利用する例として、dplyrパッケージの関数を利用し各都道府県に含まれる市区町村名のカウントをしてみましょう。これにより、都道府県の面積にも依存しますが、行政の区画割合について確認することができます。

下記のコードは、まず、select()により必要な変数を選択し、unique()で都道府県名と市区町村名がユニークとなるようにデータの重複を取り除いたのち、count()によって都道府県ごとの市区町村数を数えるという流れです。count()のsort引数にTRUEを与えることで、降順での並び替えを実行します。

```
> df.address %>%
+   select(都道府県名, 市区町村名) %>%
+   unique() %>%
+   count(都道府県名, sort = TRUE)
```

```
# A tibble: 47 × 2
   都道府県名     n
       <chr> <int>
1      北海道   188
2      長野県    77
3      埼玉県    72
4      大阪府    72
5      福岡県    72
6      愛知県    69
7      東京都    62
8      千葉県    59
9      福島県    59
10   神奈川県    58
# ... with 37 more rows
```

北海道は面積が多いのでそれだけ市区町村の数が多いことは理解できますが、埼玉県や大阪府、福岡県も市区町村の数が多いということがわかりました。

（瓜生）

LinkDataの活用事例

LinkData(http://linkdata.org)は地方自治体や個人がオープンデータを登録し、自由に利用可能な形式で提供するオープンデータ活用支援のためのプラットフォームサービスです。LinkDataが提供するサービスにはオープンデータを利用したアプリケーション開発を促進させるためのApp.LinkData(http://app.linkdata.org/)や各地方自治体のオープンデータ整備状況をまとめたCityData(http://citydata.jp/)などがあります。LinkDataの利点は各地方自治体の公開データを横断的に探し出せるという点があります。

また、データの登録やアップロードも容易に行えるようになっており、個人がオープンデータを発信することも可能です。こうした手軽さとデータと多様性から、データを提供する側と利用する側の需要のマッチングが促進されていくことも期待されます。

LinkDataでは、ブラウザの画面から登録データファイルをマウス操作でダウンロードすることもできますが、R専用にAPIが用意されており、直接、Rに読み込ませることが可能です。ここではいくつかの登録データをもとに、オープンデータを扱ってみることにしましょう。

LinkDataのデータをRに読み込ませるためのAPIは次の形式で記述されます。データIDは対象のデータの概要として用意されているURLに含まれる文字列で、たとえば「日本のオープンデータ都市一覧」であればURLが「http://linkdata.org/work/rdf1s127i」となるのでデータIDは"rdf1s127i"となります。

```
http://linkdata.org/api/1/<データID>/R
```

httrパッケージの関数を使わず、標準の`source()`からデータを読み込むことができます。早速、使ってみましょう。

Ⅲ 福井県福井市地区別人口の推移

福井県福井市では、市内の地区別の人口数と世帯数の情報をオープンデータとして公開しています(http://linkdata.org/work/rdf1s4022i)。これをLinkData経由でRで扱えるようにするには次のコードを実行します。これによりメッセージとともにRオブジェクトとしてデータが読み込まれます。

```
> source("http://linkdata.org/api/1/rdf1s4022i/R")
```

読み込まれたオブジェクトを`ls()`を使って確認してみましょう。ここでの`chikubetsu201601`から`chikubetsu201610`という、合計で10個オブジェクトが地区別人口データとなります。福井市では月単位でデータの更新を実施しており、Rオブジェクトの名前の数値は対象の年月を示しています。試しに1つのオブジェクトを`class()`を使って確認してみると、データフレームであることがわかります。

```
> class(chikubetsu201601)
```

```
[1] "data.frame"
```

ここでデータを加工して利用してみましょう。ここでもdplyパッケージを使った処理を行います。

```
> library(dplyr)
> glimpse(chikubetsu201601)
```

```
Observations: 48
Variables: 15
$ chikubetsu201601 <int> 1, 2, 3, 4, 5, 6, 7, 8, 9, 10, 11, 12, 13, 14...
$ 地区名称          <fctr> 順化, 宝永, 湊, 豊, 木田, 清明, 足羽, 春山, 松本, 日之出, 旭, 和田,
東安...
$ 日本.男.          <int> 1610, 2388, 4297, 4980, 6780, 3754, 2967, 3026, ...
$ 日本.女.          <int> 1907, 2721, 4296, 5515, 7148, 3800, 3202, 3263, ...
$ 日本人            <int> 3517, 5109, 8593, 10495, 13928, 7554, 6169, 6289...
$ 外国.男.          <int> 15, 13, 188, 47, 40, 24, 37, 68, 89, 36, 19, 67,...
$ 外国.女.          <int> 50, 26, 270, 75, 77, 61, 62, 84, 142, 53, 47, 14...
$ 外国人            <int> 65, 39, 458, 122, 117, 85, 99, 152, 231, 89, 66,...
$ 日本世帯          <int> 1542, 2024, 3726, 4026, 5110, 2813, 2557, 2578, 5...
$ 外国世帯          <int> 35, 23, 250, 66, 55, 47, 53, 80, 94, 39, 38, 148,...
$ 混合世帯          <int> 21, 12, 90, 39, 33, 21, 20, 41, 74, 31, 18, 35, 5...
$ 男                <int> 1625, 2401, 4485, 5027, 6820, 3778, 3004, 3094...
$ 女                <int> 1957, 2747, 4566, 5590, 7225, 3861, 3264, 3347...
$ 合計              <int> 3582, 5148, 9051, 10617, 14045, 7639, 6268, 644...
$ 世帯              <int> 1598, 2059, 4066, 4131, 5198, 2881, 2630, 2699,...
```

データフレームの中身を確認すると、48行、15の列を持つデータであることがわかります。これは福井市内に48の地区があることを示しています。ちなみにこのデータでは、日本人と外国人のデータが分けられており、それぞれが列として独立しているようです。

元のデータは月ごとにデータが分割されており10個のオブジェクトとなっていますが、これらは同じ項目を扱っているため、まとめてしまった方が処理が容易になります。今回の場合、chikubetsu201601のように対象月が変数名に使われているので、これをキーとした結合を行うことで、元のデータを識別可能な形でデータの結合が可能となります。これを実行するにはtidyrパッケージを用います。

```
> library(tidyr)
```

gather()を利用し、列名として扱われているchikubetsu201601を変数の観測値として扱えるようにした例を次に示します。obs_monthという列がデータの対象月を表す変数として新たに作成した列です。chikubetsu201601の元の値は行番号を示すものだったので、行番号(row_num)として扱うことにしました。これをすべてのデータフレームに適用し、データを結合させます。

```
> chikubetsu201601 %>% gather(
+   key = obs_month,
+   value = row_num,
+   chikubetsu201601
+ ) %>% head()
```

```
  地区名称 日本.男. 日本.女. 日本人 外国.男. 外国.女. 外国人 日本世帯
1     順化     1610     1907   3517       15       50     65     1542
2     宝永     2388     2721   5109       13       26     39     2024
3       湊     4297     4296   8593      188      270    458     3726
4       豊     4980     5515  10495       47       75    122     4026
5     木田     6780     7148  13928       40       77    117     5110
6     清明     3754     3800   7554       24       61     85     2813
  外国世帯 混合世帯   男   女  合計 世帯        obs_month row_num
1       35       21 1625 1957  3582 1598 chikubetsu201601       1
2       23       12 2401 2747  5148 2059 chikubetsu201601       2
3      250       90 4485 4566  9051 4066 chikubetsu201601       3
4       66       39 5027 5590 10617 4131 chikubetsu201601       4
5       55       33 6820 7225 14045 5198 chikubetsu201601       5
6       47       21 3778 3861  7639 2881 chikubetsu201601       6
```

上記の処理をすべてのデータに適用するには、purrrパッケージのmap()が便利です。すべてのデータフレームを格納したリストを作成し、map_df()の引数にgather()を適用させましょう。purrrパッケージのmap()では、引数に処理をする関数名とその引数を渡します。今回の場合、key引数とvalue引数をmap()に与えます。また、gather()が対象とする変数を指定するためにstart_with()を利用します。

```
> library(purrr)
>
> df.chikubetu <- list(chikubetsu201601,chikubetsu201602, chikubetsu201603, chikubetsu201604,
+                      chikubetsu201605, chikubetsu201606, chikubetsu201607, chikubetsu201608,
+                      chikubetsu201609, chikubetsu201610)
> # chikubetsu で始まる変数名をgather()のキーとして扱う
> df.chikubetu.bind <- df.chikubetu %>% map_df(gather,
+                                              key = obs_month,
+                                              value = row_num,
+                                              starts_with("chikubetsu"))
```

処理内容を確認するため、データフレームのサイズを確認すると、10カ月分のデータが結合され、480行のデータになっていることが確かめられます。

```
> dim(df.chikubetu.bind)
```

```
[1] 480  16
```

月別に分かれていたデータを1つにまとめられたので、次は人口数の推移を図で確認してみましょう。今回はすべての地区について見ることは難しいので、ここでは48地区からいくつかを選んで処理することとします。対象のデータの一部を扱うようにするには**dplyr**パッケージの**filter()**を使います。加えて、**obs_month**の値を1月、2月というように表すため、**mutate()**によるデータ操作を行います。

```
> unique(df.chikubetu.bind$地区名称)
```

```
 [1] 順化   宝永   湊     豊     木田   清明   足羽   春山   松本   日之出
[11] 旭     和田   東安居 円山   啓蒙   西藤島 社南   社西   社北   安居
[21] 中藤島 大安寺 河合   麻生津 国見   岡保   東藤島 殿下   鶉     棗
[31] 鷹巣   本郷   宮ノ下 森田   酒生   一乗   上文殊 文殊   六条   東郷
[41] 明新   日新   美山   越廼   清水西 清水東 清水南 清水北
48 Levels: 旭 安居 一乗 越廼 円山 岡保 河合 宮ノ下 啓蒙 国見 社西 ... 鶉
```

```
> d <- df.chikubetu.bind %>%
+   filter(地区名称 %in% c("社北", "麻生津", "円山")) %>%
+   mutate(obs_month = paste0(substr(obs_month, start = 15, stop = 16), "月")) %>%
+   select(地区名称, 合計, obs_month)
```

```
> library(ggplot2)
>
> quartzFonts(YuGo = quartzFont(rep("IPAexGothic", 4)))
> theme_set(theme_classic(base_size = 12, base_family = "IPAexGothic"))
> d %>% ggplot(aes(obs_month, 合計, group = 地区名称)) +
+   geom_point() +
+   geom_line(aes(linetype = 地区名称)) +
+   xlab("月") + ylab("世帯数合計") +
+   ggtitle("福井市内3地区の人口数の推移")
```

◉福井市内3地区の人口数の推移

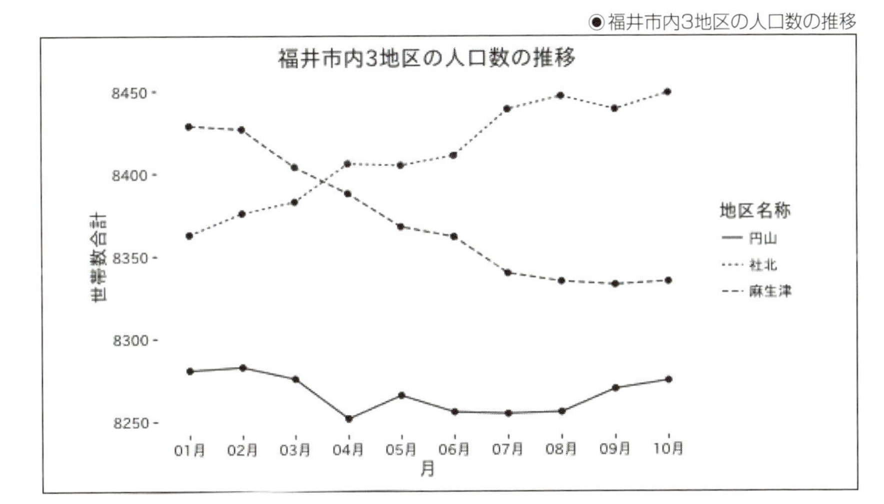

データの可視化により、地区ごとの人口数の推移について容易に把握できるようになりました。

富山県砺波市へのふるさと納税者コメント

LinkDataのデータ操作の例としてもう1つ、富山県砺波市へのふるさと納税者のコメントデータ(http://linkdata.org/work/rdf1s4456i)を見ていくことにしましょう。データを見ればわかるように、コメント列は、回答者の自由記述文で構成された定性データの一種であり、数値データとは異なる処理が必要です。

こうしたデータを分析するにはテキストマイニングと呼ばれる手法を用いるのがよいのですが、本書の扱う範囲を超えるので詳細は『Rによるテキストマイニング入門』(石田基広 著、森北出版)、『Rで学ぶ日本語テキストマイニング』(石田基広著、ひつじ書房)に譲ります。ここではテキストマイニングの簡単な例として、日本語形態素解析器のMeCabおよびそのRラッパーである**RMeCab**パッケージを利用してみます。あらかじめ、これらの環境が整備されていることを想定します。

まずはデータをRに読み込ませるところから始めます。先の例と同じく`source()`によりLinkDataのデータを取り込みます。メッセージに出力される`hometown_donation_comment`というのが対象のデータです。

```
> source("http://linkdata.org/api/1/rdf1s4456i/R")
> class(hometown_donation_comment)
```

```
[1] "data.frame"
```

RMeCabパッケージの利用例を示します。RMeCabC()は引数に与えられた文字列をMeCabによる形態素解析を実行した結果として返します。形態素とは簡単に言えば言語で意味を持つ最小単位のことで、形態素の品詞判別を行ったものが形態素解析の結果となります。RMeCabパッケージをロードし、RMeCabC()を実行してみましょう。RMeCabC()の出力はリストなので、unlist()を用いてベクトルとして扱えるようにすると出力結果が見やすくなります。

```
> library(RMeCab)
> hometown_donation_comment$コメント[1] %>% RMeCabC() %>% unlist()
```

```
   名詞     名詞     助詞     名詞     名詞   助動詞     記号     名詞
 "特産"     "品"     "が"   "魅力"     "的"   "です"     "。" "楽しみ"
   助詞     動詞     助詞     動詞   助動詞     記号
   "に"     "し"     "て"     "い"   "ます"     "。"
```

対象の文字列を名詞や助詞、動詞といった品詞に分けることができました。

今回は、このように形態素解析の結果を用いて、コメント内で頻出する単語について明らかにしたいと思います。RMeCabパッケージではデータフレームの変数を対象に形態素解析を実行するdocDF()が備わっているので、これを利用します。docDF()では、引数に対象の文字列が含まれるデータフレームの列番号あるいは変数名を指定して実行します。

また、記号や助詞などの品詞は対象から除外させ、名詞である単語だけを対象にするため、pos引数で"名詞"を指定します。

```
> comment.morph <- hometown_donation_comment %>% docDF("コメント", type = 1, pos = "名詞")
```

```
number of extracted terms = 353
now making a data frame. wait a while!
```

```
> head(comment.morph[1:8])
```

```
    TERM POS1         POS2 Row1 Row2 Row3 Row4 Row5
1      - 名詞     サ変接続    0    0    0    0    0
2     19 名詞           数    0    0    0    1    0
3     20 名詞           数    0    0    0    1    0
4     47 名詞           数    0    0    0    0    0
5     65 名詞           数    0    0    0    0    0
6 いかが 名詞 形容動詞語幹    0    0    0    0    0
```

docDF()の実行結果の一部を見ると、1列目(TERM)にコメント文字列に含まれていた単語が並んでいます。次の列(POS1)はTERM列の単語の品詞を示しています。今回はdocDF()のpos引数で"名詞"を指定したので、名詞だけが抽出されています。POS2列は名詞の細かな分類を示しており、固有名詞や代名詞などが含まれています。POS2以降の列、Row1、Row2、Row3、…、Row70までの列は元のデータであるhometown_donation_commentの行数と対応しており、各列に含まれる値はTERM列の単語の出現回数を示しています。

このため、Row1からRow70までの値を合計することで、hometown_donation_commentに含まれる単語の頻度が判明します。

コメントごとの単語の頻度は、次に示すようにselect()でRow列だけを選択し、t()による行列の入れ替えを行ったあとで、purrr::map_int()で合計値を求めることで実行できます。

```
> comment.morph$count <- comment.morph %>%
+   select(starts_with("Row")) %>%
+   t() %>%
+   as.data.frame() %>% map_int(sum)
```

出現頻度の高い単語を見ると「発展」「応援」といった前向きな発言や、名産品の「チューリップ」が複数出現していることがわかりました。

```
> comment.morph %>%
+   arrange(desc(count)) %>%
+   select(TERM, count) %>%
+   filter(count >= 10)
```

```
        TERM count
1       砺波    37
2         市    29
3       こと    20
4       発展    12
5       富山    11
6 チューリップ    10
7       応援    10
```

(瓜生)

INDEX

記号・数字

A

B

C

D

E

F

G

H

I

J

L

M

N

O

P

R

S

参考文献

◆ウェブページ

Introduction to getting data from the web with R,
〔https://github.com/gastonstat/tutorial-R-web-data〕, Gaston Sanchez(2014)
Rを使ったウェブ関連の技術やAPIに関するプレゼンテーション資料集。

Google Cloud Vision API, 〔https://cloud.google.com/vision/〕
Google Cloud Vision APIの公式サイト。

Facebook Graph API, 〔https://developers.facebook.com/docs/graph-api?locale=ja_JP〕
Facebook Graph APIの公式サイト。

Yahoo!デベロッパーネットワーク テキスト解析, 〔http://developer.yahoo.co.jp/webapi/jlp/〕
日本語の解析を行うアプリケーションを作成するためにYahoo!Japanが提供しているウェブAPIサービス群の公式サイト。本書で紹介したルビ振り以外にも日本語形態素解析やかな漢字変換といったAPIが提供されている。

Runmeter, 〔https://abvio.com/runmeter/〕
ランニング支援アプリ Runmeterの公式サイト。

Fitbit API, 〔https://dev.fitbit.com/jp〕
ウェアラブルデバイス Fitbitのデータを取得できるウェブAPIの公式サイト。国外のウェアラブルデバイスはこのような形で自分自身のデータを取得できることが多い。

NHKゴガク, 〔https://www2.nhk.or.jp/gogaku/〕
NHK語学講座の公式サイト。最近はストリーミング放送も利用できるので非常に便利。お勧めは「攻略!英語リスニング」。

◆書籍

山本 陽平(2011)『Webを支える技術――HTTP, URI, HTML, そしてREST』技術評論社
タイトルの通り、基礎となる項目についてわかりやすく書かれている印象。ウェブAPIを利用する際に必要となるHTTPメソッドの差異を理解するのに役立った

nezuq(2015)
『実践 Webスクレイピング&クローリング オープンデータ時代の収集・整形テクニック』マイナビ
ウェブスクレイピングの書籍(利用の際の注意点や経歴みたいなものを知る)として価値がある一冊。

Jacobs, Jay ; Rudis, Bob(2014).
Data-Driven Security: Analysis, Visualization and Dashboards33. Wiley
キャプテンアメリカことBob Rudisの書籍。スクレイピングとは関係ないが、ウェブ経由で取得したデータを可視化するのに参考になる。

Wickham, Hadley(2009). *ggplot2: Elegant Graphics for Data Analysis*. Springer
Wickham, Hadley(2012)
『グラフィックスのためのRプログラミング ggplot2入門』(石田基広・石田和枝訳)丸善出版
ggplot2の概念からグラフを作成するための手法について詳細に書かれている。ハドリー本人が書いた一冊だが、現在では内容がやや古いが, サポートサイトに公開されているコードは更新されている。

Wickham, Hadley(2014). *Advanced R*. CRC Press
Wickham, Hadley(2015)
『R言語徹底入門』(石田基広・市川太祐・高柳慎一・福島真太朗訳)共立出版
Rにおける関数型プログラミングの基礎を始め、Rに関する理解を深めるために必携の一冊。

Mitchell,Ryan(2015).
Web Scraping with Python - Collecting Data from the Modern Web. O'Reilly
Mitchell,Ryan(2016)『PythonによるWebスクレイピング』(黒川利明訳)オライリー
基礎的なところから応用的な面まできちんと書かれている入門書。ただし、Pythonで動かすことが前提とされている。

Munzert, Simon ; Rubba, Christian ; Meissner, Peter ; Nyhuis, Dominic(2014).
Automated Data Collection with R: A Practical Guide to Web Scraping and Text Mining.
Wiley

Munzert, Simon ; Rubba, Christian ; Meissner, Peter ; Nyhuis, Dominic(2017)
『Rによる自動データ収集』(石田基広訳)共立出版
英語のデータが対象であるが、ウェブスクレイピング、テキストマイニング、データベースなどの技術について、事例ベースで総合的に解説している。

クジラ飛行机(2015)『JS+Node.jsによるWebクローラー/ネットエージェント開発テクニック』ソシム
Javascriptを用いることでクローリングを含めたさまざまな作業を自動化するテクニックが丁寧に書かれた良書。データの整形や機械学習の適用といった周辺の話題も豊富に盛り込まれており、普段JavaScriptを利用していないデータサイエンティストにも一読を勧めたい。

石田基広(2008)『Rによるテキストマイニング入門』森北出版
RMeCabを利用した実践的なテキストマイニングの入門書。

石田基広・小林雄一郎(2013)『Rで学ぶ日本語テキストマイニング』ひつじ書房
Rを用いた日本語のテキストマイニングを学ぶのに適した良書。

石田基広(2016)『改訂3版 R言語逆引きハンドブック』シーアンドアール研究所
目的、機能別にRの関数やパッケージを検索できる書籍。

◆RFC

RFCは、インターネット関連技術の標準化を進める組織の1つであるIETF(The Internet Engineering Task Force)によって公開されている文章。IETFでの議論のコンセンサスがここにまとめられる。RFCにはさまざまな役割があるが、ここに取り上げたもののように「インターネットの仕様書」のような位置付けのものも多い。

Hardt, D., "The OAuth 2.0 authorization framework (RFC 6749)" (2012), IETF

Fielding, R., Ed. and J. Reschke, Ed.,
"Hypertext Transfer Protocol (HTTP/1.1): Message Syntax and・Routing (RFC 7230)"
(2014), IETF

Fielding, R., Ed. and J. Reschke, Ed.,
"Hypertext Transfer Protocol (HTTP/1.1): Semantics and Content (RFC 7231)"
(2014), IETF

Fielding, R., Ed. and J. Reschke, Ed.,
"Hypertext Transfer Protocol (HTTP/1.1): Conditional Requests (RFC 7232)"
(2014), IETF

Fielding, R., Ed., Lafon, Y., Ed., and J. Reschke, Ed.,
"Hypertext Transfer Protocol (HTTP/1.1): Range Requests (RFC 7233)"
(2014), IETF

Fielding, R., Ed., Nottingham, M., Ed., and J. Reschke, Ed.,
"Hypertext Transfer Protocol (HTTP/1.1): Caching (RFC 7234)" (2014), IETF

Fielding, R., Ed. and J. Reschke, Ed.,
"Hypertext Transfer Protocol (HTTP/1.1): Authentication (RFC 7235)"
(2014), IETF

■著者紹介

いしだ もとひろ
石田 基広

徳島大学大学院　教授
大学ではプログラミング、データ分析、テキスト分析などの科目を担当している。
著書に『新米探偵データ分析に挑む』(SBクリエイティブ)、『とある弁当屋の統計技師』(共立出版)、『Rによるテキストマイニング入門』(森北出版)など。

いちかわ だいすけ
市川 太祐

医師。サスメド株式会社にて、スマートフォンアプリを用いた不眠症治療に従事している。「医療の現場でアプリが処方される未来」の実現に向けて、学問としての「デジタル医療」の確立を目指す。
訳書に『R言語徹底解説』(共立出版)、『データ分析プロジェクトの手引き』(共立出版)、著書に『Perfect R』(技術評論社、共著)。

うりゅう しんや
瓜生 真也

エンジニア。株式会社ナイトレイにて、位置情報データを用いた分析、Shinyによるアプリケーション開発を担当。KPI設定や分析基盤構築にも取り組む。
好きなブログは「Technically, technophobic.(http://notchained.hatenablog.com)」

ゆたに ひろあき
湯谷 啓明

インフラエンジニア。サイボウズ株式会社のSREチームに所属。グラフを描くツールを探していてggplot2と出会い、Rに興味を持つ。将来の夢はモジュラーシンセ廃人。

編集担当：吉成明久　カバーデザイン：秋田勘助（オフィス・エドモント）

Rによるスクレイピング入門

2017年4月3日　初版発行

著　者　石田基広、市川太祐、瓜生真也、湯谷啓明

発行者　池田武人

発行所　株式会社　シーアンドアール研究所

新潟県新潟市北区西名目所4083-6（〒950-3122）

電話　025-259-4293　FAX　025-259-4293

印刷所　株式会社　ルナテック

ISBN978-4-86354-216-7 C3055